【青少年探索·发现之旅丛书】

UFO 未解之谜

膳书堂 文化 编著

中国地图出版社
中华地图学社

图书在版编目（CIP）数据

UFO未解之谜 / 膳书堂文化编著.—上海：中华地图学社，2013.6（2020.8重印）

（青少年探索·发现之旅丛书）
ISBN 978-7-80031-754-5

Ⅰ.①U… Ⅱ.①膳… Ⅲ.①飞盘－普及读物 Ⅳ.①V11-49

中国版本图书馆CIP数据核字(2013)第100662号

策划制作：膳書堂文化
责任编辑：宗宏伟
封面设计：红十月设计室

青少年探索·发现之旅丛书
UFO未解之谜

出版发行：中国地图出版社		**经 销**：新华书店	
中华地图学社			
社 址：上海市武宁路419号A座6楼	**印 张**：10		
邮政编码：200063	**版 次**：2013年6月第1版		
网 址：www.diyiditu.com	**印 次**：2020年8月北京第5次印刷		
成品规格：170mm×230mm	**定 价**：29.80元		
印刷装订：北京一鑫印务有限责任公司			

书 号：ISBN 978-7-80031-754-5

如发现印装质量问题，请与承印厂联系调换。

P 前言
reface

生活在小小地球上的人类也许并不是浩瀚宇宙中仅有的高智慧生命。地球载着人类在茫茫的宇宙空间里做着不知目的地的漫长旅行，如果这广袤的星空里没有其他生命，人类在这漫长的旅程里岂不是太过孤单？

人类的好奇心是无穷无尽的，有时甚至超过浩瀚无垠的宇宙。外星人真的存在吗？这是近50年来最具诱惑力的问题之一。

随着宇宙科学的发展，人们愈来愈关切在茫茫的大宇宙中，除了地球人之外，究竟有没有"外星人"，或者是否存在地外智慧生命。如果有，他们究竟是什么模样？生活在宇宙的何方？地球人应怎样寻找他们呢？

人类的历史在宇宙的演化中只是短短的一瞬，现代科学所达到的科技水平只是停留在人类认识宇宙的起步阶段。广袤的宇宙中更为广泛、更为深奥的运动规律尚未被人类所揭示。而且，从另外的角度考虑，既然太阳系这个年轻的天体系统都能够产生高级智慧生命，那么我们有什么理由去怀疑宇宙中的某些行星不会产生生命呢？本书选用最新科学观点，是一本为读者朋友们精心编写的有关外星人与不明飞行物方面的探索书籍，使广大读者朋友能够在阅读本书时，感受另类世界的奥妙与神秘。

目录
Contents

第一章 1 飞碟史话

第二章 29 飞碟猜想

第三章 67 UFO犯案

第四章 86 全球UFO事件

目录
Contents

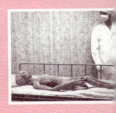

第五章 **118** 人类与UFO之战

第一章
飞碟史话

　　远古神话的天外来客或许就是当时对于外星飞碟的诠释，而许多国家和民族所崇拜的"天神"也许就是飞碟上的乘员。他们似乎具有超自然神力，在人类的历史中，演绎出一些既真实又可笑的童话。

远古UFO遗迹

不可思议的现象很多，人类在不可思议中知道了越来越多的远古遗留问题，可是真正认识它们却还要假以时日。

些飞碟专家认为，只要我们回忆一下各个时代和不同民族的神话，便不难发现，很久很久以前，天外来客就已在地球上留下了神秘的足迹。许多地方的民族世世代代信奉和传颂着那些来自遥远星球上的"天神"。在许多古老的和近代的绘画艺术中，都有对飞行器及其乘员的真切表现。这些难道是脱离现实的幻想作品吗？其对现象的反映已被许多现代科学所证实。很难强迫人们相信，以前的人是靠臆想和杜撰创造出这些跨越诸多个世纪的高科技产物来的。

印度的梵文研究者在古代手稿中发现对宇宙飞行、火箭发射、航天发射场和核战争的描述。这些手稿用相当精确的技术术语描述出空气动力学外形、飞行时代、火箭升空的细节，甚至细致到火箭推进剂。

居住在马里的一些当地非洲部族世世代代崇拜一颗被他们称作"波托罗"的看不见的神秘星球。当地的

一些巫医表示，他们的"神"叫"诺莫"，他来自天上，他在返回自己的星球之前向巫医们详细讲述了关于他

☆ 关于外星人的古老图形与符号

的祖籍星球——天狼星(大犬座A星)的情况。诺莫的崇拜者们在举行自己的宗教仪式时，还准确地重述了天狼星系统复杂的运行轨道。此外，他们还知道天狼星B卫星的公转周期是50年，还知道一颗较小的伴星质量比主星质量更大。在他们的绘画中出现了天狼星A，它的位置不在该系统的中心，而是处在椭圆轨道的焦点。这些深奥的天文知识似乎不可能是一个愚昧落后的民族所能掌握的。这些知识大概是远古时代的宇航员传授给他们的，否则他们不可能讲解得如此准确而详尽。要知道，拥有一颗密度达到极限值的"白矮星"的大犬座中的天狼星B，是1861年借助光学望远镜被天文学家们发现的，一般的人用肉眼是不可能看到它的。

·相关链接·

天狼星：天狼星是大犬座中的一颗一等星，根据巴耶恒星命名法称为大犬座α星。在中国属于二十八星宿的井宿。天狼星是冬季夜空里最亮的恒星，天狼星、南河三和参宿四在居住在北半球的人来看，组成了冬季大三角的三个顶点。

1900年，潜水员在一个海湾外的水底发现一艘沉船，它大概是在基督教产生以前沉没的。潜水员在这艘沉船上发现一台古代"电脑"。原来，它是一个星钟，凭借它能精确地计算出恒星、行星、太阳和月球的方位。数学家和物理学家索拉·普拉斯博士在对这台古代"电脑"进行研究后写道："这一重大的考古新发现犹如你们在图坦卡蒙的陵墓中发现柴油飞机一样令世人鼓舞和震惊。"

1927年，英国考古学家弗雷德里克·米切尔在古代玛雅人的都城伯利兹发现一个用水晶雕制的人头骨，它以精雕细琢的精湛工艺和栩栩如生的颌骨和眼窝，使科学家们大为惊愕。如此精细的加工技术只有最新型的现代化磨床机械才能达到，因为水晶矿是一种很脆且极难加工的矿物。然而，这个水晶头骨至少有一千年的历史，甚至可能更久远些。钻石雕刻家在对其进行分析和研究后，不容辩驳地排除了用手工加工的可能性，并认为，对这一水晶头骨的磨削加工至少要花费几百万个小时。

古生物学家达格尔博士在美国德克萨斯州一个古老而干涸的河床上发现几个1.4亿年前的脚印。这些脚印长0.5米，这说明这些脚印是一个身材高大的生物种留下的。而且，在这一大脚印的旁边还有几个恐龙的足迹。按照现代进化论的观点，猿猴在恐龙时代尚未进化成人，这留下脚印的能是什么生物呢？小小地球，谜事迭生！目前对于这一现象，古生物学家尚未找到较好的解释。然而，这一切还远不是地外文明积极参与地球人类发展的全部佐证。

· 知识外延 ·

玛雅人：中美洲地区和墨西哥印第安人的一支。又译"马亚人"、"玛雅人"。约公元前2500年就已定居今墨西哥南部、危地马拉、伯利兹以及萨尔瓦多和洪都拉斯的部分地区。属蒙古人种美洲支。使用玛雅语，属印第安语系玛雅-基切语族。活动范围包括尤卡坦中部和北部，伯利兹、洪都拉斯南部及塔瓦斯科和恰帕斯的一部分，危地马拉低地和高地及恰帕斯和萨尔瓦多的最南端。

☆ 巨大的不明"手印"

UFO在中国

　　飞碟或许早就光顾过我们古老的九州大地。由于对天文的认识有限，也由于当时的科学技术不够发达，我们祖先无法解释天空中出现的这些怪异现象。打开浩瀚的中国古书，你会发现其中有许多关于UFO的记录。任何坚决否定飞碟存在的人，在面对这些历史记录时，也只有瞠目结舌的份儿，因为事实已证明：飞碟早就来过地球！

　　中国古代天文史料是全世界最多的，天文成就也是全世界最高的，古人对天上的日、月、星现象相当了解。因此，本节列举的全是"无法用当代天文科学认知来判断"的内容，绝非牵强附会。这是首先要交代的重要观念。

　　《古今图书集成卷十九日异部》曰："夏帝八年（公元前1914年），十日并出。"《竹书纪年》也同样记载曰"八年，天有妖孽，十日并出。"

　　《明通鉴》曰："明熹宗天启元年（1621年）二月廿二日，辽阳有数日并出，又日交晕，左右有珥，白虹弥天。"天上出现数个太阳，更妙的是"左右有珥"，明白指出这个发光体的形状就像当今大家熟悉的圆盘状中间突出的UFO。

　　《资治通鉴》曰："西晋愍帝

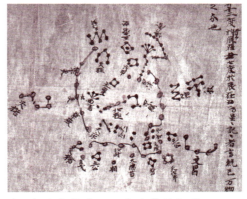

☆ 中国古代关于天文异常的记载

建兴二年（公元314年）正月辛未，有三日相承，出西方而东行。"此事件在《晋书愍帝本纪》中也有："正月辛未辰时，日陨于地，又有三日相承，出于西方而东行。"《古今图书集成》也有："正月，日陨地，又三日并出。"公元317年，"西晋愍帝建兴五年正月庚子，三日并照，虹蜺弥天，日有重晕，左右两耳。"《晋

☆ 想象中飞碟出现时的场景

UFO
未解
之谜
UFO wei jie zhi mi

书本纪》也记有"五年正月庚子，三日并出"。《古今图书集成卷廿五》"晋穆帝升平元年(公元357年)六月，秦地见三日并出。"注意这个记载，只写秦地，可见这三个"太阳"高度不高，只出现在局部地区。

《天文占》曰："三四五六日俱出并争，天下兵作。"《天文志》也说："三四五六日俱出并争，天下兵作亦如其故。"可见这是不常见的现象。

《古今图书集成日异部》曰："商帝辛四八年（公元前1590年），二日并出。"

《古今图书集成卷廿二日异部》曰："唐宪宗元和四年（公元809年）闰三月，日旁有物如日。"

《续通鉴》曰："宋太祖建隆元年（公元960年）正月癸卯，匡胤军中知星者河中苗训，见日下复有一日，黑光摩荡。"

《续通鉴》曰："宋徽宗宣和七年（1125年）十二月庚申，日有五色晕，挟赤黄珥，又有重日相荡摩，久之乃隐。"《古今图书集成卷廿二》也说："七年十二月辛酉，日有五色晕，两日荡摩"。

《续通鉴》曰："元顺帝至正

十六年（1356年）三月，有两日相汤。"此事件又被详细记在《乐郊私语》上："元顺帝至正十六年三月，日晡时，天忽昏黄，若有霾雾，市中喧言：天有二日……果见两日交而复开，开而后合。"

《四川通志》记有："万历廿二年（1594年）春正月，綦江见日下复有一日，相汤数日乃止。"

《资治通鉴》曰："西汉武帝建元二年（公元139年）夏四月，有星如日，夜出。"《汉书武帝本纪》也有"四月戊申，有日夜出"的记载。《丹铅总录》中特地研究此事件："汉书建元二年有如日夜出……日不夜出，夜出非日也。"可见古人也都知道晚上出现在天空的一定不是太阳。

《资治通鉴》还记有低空的不明光体："东晋元帝太兴元年（公元318年）十一月乙卯，日夜出高三丈。"《晋书天文志》也有"日夜出高三丈，中有青赤珥"的记载。

《后汉书五行志》曰："后汉灵帝建宁元年（公元168年），日数出东方，正赤如血无光，高二丈余，乃有景（影），且入西方，去地二丈亦如之。"这个红色无光物体，高度更低了，故记载它有影子。

《建康志》曰："梁武帝普通元年（公元520年）九月乙亥，夜有日见东方，光烂如火。"

《海盐县志》记有"清顺治十年（1651年）闰六月廿四日，夜三更，红日出东北方，大如斛。夜半月始升，灭不见。"

《晋书天文志》曰"西晋元帝永昌元年（公元322年）十月四日，日出山六七丈，精光暂昧，而色都赤，中有异物，大如鸡子，又有青黑之气共相搏击。"

《古今图书集成卷廿三》曰："宋理宗绍定四年（1231年），金哀宗正大八年，三月，日失色，有气如日，相凌。"此事在《金天文志》也有："三月庚戌酉正，日忽白而失色，乍明乍暗，左右有气似日而无光，与日相凌，而日光四出，摇汤至没。"

《古今图书集成卷廿三》曰："明世宗嘉靖四五年（1566年），日斗。"在《湖广通志》中也有："明世宗嘉靖四五年八月，华容县西，忽天开日斗。"

《古今图书集成廿五卷》和《唐书天文志》均记有："唐太宗贞观年间（公元630年左右），突厥有三月并见。"

《资治通鉴》记有："西汉成帝建始元年（公元前32年）八月，有两月相承，晨见东方。"《古今图书集成卷廿五》和《汉书五行志》记有："成帝建始元年秋八月，有两月重见。"

《古今图书集成廿五卷月异部》曰："梁武帝太清二年（公元548年）五月，两月见。"

《明通鉴》曰："明英宗正统十四年（1449年）八月辛未日，月昼见，与日并明。"这个和太阳一同在白天出现的发光体，应该是不明飞行物。

《古今图书集成卷廿六月异》曰："明穆宗隆庆六年（1572年）月昼见。"《湖广通志》也记有此事，且更详细："隆庆六年五月，通山月光昼见，月下有二星随之。"

《古今图书集成廿五卷月异部》和《天文志》记有："东汉桓帝永寿三年（公元157年）十二月壬戌，月蚀，非其月。"另一次发生在公元165年，《廿五史天文志》及《古今图书集成廿五卷月异部》均记有："东汉桓帝延熹八年正月辛巳，月蚀，非其月。"古人早已明指"非其月。"可见不是月亮。

UFO 未解之谜
UFO wei jie zhi mi

·相关链接·

《天文志》：《天文志》是专门记载各朝天文异象之书。《史记》将天文记载于《天官书》，至《汉书》始有"天文志"这一专有名词。《汉书》中的《天文志》是马续所辑，历代皆沿用，如《宋书》《隋书》《晋书》皆有

☆ 草地上令人费解的神秘石列

《天文志》，《宋书》记叙了魏晋至刘宋的天文异象，《隋书》的《天文志》被称为诸志最佳。

《新刊大宋宣和遗事》曰："宋徽宗政和六年（1116年）十一月，有星如月，徐徐南行，而落光照人物，与月无异。"次年《续通鉴》又记有："十二月甲寅朔，有星如月。"

《续通鉴》曰："元顺帝至正十年（1350年）六月壬子廿九日，有星大如月，入北斗，震声若雷，三日复还。"可以看出这些"如月"的星不会是自然的星。

《夷坚志甲卷十九》曰："宋

名。"此事在《学津》、《津逮》、《稗海》各书中也都有记载，工部员外郎这样的政府高官都予以关注，可见是一件确实的事。文中重点是用"金背虾蟆"来形容此物的形状，的确和飞碟一样，而且放出的光芒能照天，确确实实是一个发强光的UFO。

唐朝的《洞天集》也另有一则："唐僖宗广明一年（公元880年），严遵仙槎，唐置之于麟德殿，长五十余尺，声如铜铁，坚而不蠹。李德裕截细枝尺馀，刻为道像，往往飞去复来，广明以来失之，槎亦飞去。"严遵名君平，汉时成都人，是一位有名的算命先生。"槎"就是船的意思，指当时有一条长五十余尺的"仙船"，很坚硬，发出机械式的声音，常常飞来飞去，后来就飞走了。

宋神宗熙宁四年（1070年）十一月三日，名诗人苏东坡被调离京师，任杭州通判，在上任途中，来到江苏镇江畅游金山寺。当晚老僧请苏东坡留宿，以便次日观日出奇景。苏东坡晚上就在江边吟诗，没想到看到了异象。苏东坡将当时情形写成诗，题为《游金山寺》："……，是时江月初生魄，二更月落天深黑，江心似有炬火明，飞焰照山栖鸟惊，怅然归卧心莫识，非鬼非人竟何物，……"

宋朝人庞元英所撰的《文昌杂录》记有宋神宗元丰年间（1078至

孝宗干道二年（1166年），赵清宪赐第在京师府司巷……以暑月不寐，启户纳凉，见月满中庭如昼，方叹曰：'大好月色。'俄廷下渐暗，月痕稍稍缩小，斯须光灭，仰视星斗粲然，而是夕乃晦日，竟不晓为何物光也。"在晦日（月底）时应该是没有月亮的，此段描述中却说月光如昼，可见应是不明物体。

唐朝人段成式所撰的《酉阳杂俎》卷一第三八则记有大约发生在公元823年前后的UFO事件："（唐穆宗）长庆中，八月十五夜，有人玩月，见林中光属天，如疋布，其人寻视之，见一金背虾蟆，疑是月中者，工部员外郎张周封尝说此事，忘人姓

☆ 古代建筑

UFO
未解之谜
UFO wei jie zhi mi

如火，附于地，犬吠逐之，光际地避隐。"明朝国师刘伯温在1360年前后的一个七月十五夜，曾见过ＵＦＯ，还写了一首《月蚀诗》来纪念："……，招摇指坤月竖日，大月如盘海中出，不知妖怪从何来，惝恍初惊天眼联，儿童走报开户看，城角咿鸣声未卒，……"这是一个从海中飞出来的形状如盘的"大月"，完全符合飞碟现象。

清光绪六年（1880年）五月八日，湖北省《松滋县志》记有："西岩咀覃某，田家子也。晨起，信步往屋后山林，见丛薄间有一物，光彩异常，五色鲜艳，即往扑之，忽觉身自飘举，若在云端，耳旁飒飒有声，精神懵昧，身体不能自由，忽然自高坠下，乃一峻岭也。覃某如梦初醒，惊骇非常，移时来一樵者，询之，答曰：'余湖北松滋人也。'樵者咋曰：'子胡为乎来哉？此贵州境地，去尔处千余里矣。'指其途径下山，覃丐而归，抵家已逾十八日矣。究不知所为何物吁，异哉。"

另外，清光绪十八年（1892年）画家吴友如的画作《赤焰腾空》，被人们认为是一幅详细生动的ＵＦＯ目击报告。《赤焰腾空》上绘有许多身着长袍马褂的市民聚集在南京朱雀桥头，仰望空中一团火球。吴友如在画面上方落款写道："九月二十八日，

1085年间）秘书少监孙莘老亲历的ＵＦＯ事件："庄居在高邮新开湖边，一夕阴晦，庄客报湖中珠见，与数人同行小草径中，至水际，见微有光彩，俄而明如月，阴雾中人面相睹。忽见蚌蛤如芦席大，一壳浮水上，一壳如帆状，其疾如风。舟子飞小艇竞逐之，终不可及，既远乃没。"

宋朝人洪迈所撰的《夷坚志》壬卷第三有一篇《夜见光景》，描写了宋宁宗庆元初年间（1195年左右）的一件事："临川刘彦立兄弟二人，一夕，屋后松树上圆光如日，高去地二丈余，即之则晦……一个日头忽起，从前山高出三丈，所照草木皆可辨，只比色间色赤耳……如日夜出，色炎

晚间八点钟时，金陵（今南京市）城南隅忽见火毯（即球）一团，自西向东，型如巨卵，色红而无光，飘荡半空，其行甚缓。维时浮云蔽空，天色昏暗。举头仰视，甚觉分明，立朱雀桥上，翘首跂足者不下数百人。约一炊许渐远渐减。有谓流星过境者，然星之驰也，瞬息即杳。此球自近而远，自有而无，甚属濡滞，则非星驰可知。有谓儿童放天灯者，是夜风暴向北吹，此球转向东去，则非天灯又可知。众口纷纷，穷于推测。有一叟云，是物初起时微觉有声，非静听不觉也，系由南门外腾越而来者。嘻，异矣！"火球掠过南京城的具体时间、地点、目击人数、火球大小、颜色、发光强度、飞行速度等，吴友如在题记中都做了记载。《赤焰腾空》也被认为是中国最早关于UFO的图画之一，成为今人研究UFO的一则珍贵历史资料。

·知识外延·

吴友如：吴友如（？—约1893），清末画家。名嘉猷，字友如，别署猷。江苏元和（今吴县）人。幼年贫困，喜绘画，自学勤练，并吸取钱杜、改琦、任熊等人画法，遂工人物、肖像，以卖画为生。曾应徵召至北京，为宫廷作画。

吴友如的绘画以描绘市井风俗、时事新闻为主，大则如中法战争、中日台湾之战，小则有邻里斗殴、怪闻趣事，还有不少反映西方科技新事物的画幅。为适合石印制版，所画均以线条描绘，黑白分明，画风工整，构图繁复。仕女形象消瘦柔弱，面部画法受同时代画家沙馥影响，称为"沙相"；建筑物、舟车的描画吸收了欧洲焦点透视的方法。是一位将传统民间艺术与新的石印技术结合的画家，也是近代著名的新闻、风俗画家。

☆ 中国古代寺庙

古代货币上的UFO

三百多年前的古币，为什么会出现飞碟的图案？是人们想象力作用的结果，还是对真实飞行物的描述？

几个世纪以来，钱币专家一直试图揭开一枚17世纪法国古币上神秘的不明飞行物图案的谜底。但一位权威的钱币专家日前表示，这枚铜币图案的奥秘仍然无人解开。

虽然经过半个世纪的研究，尽管钱币组织一直想解开这个谜，可是，这枚钱币上的图案似乎有意在与研究人员捉迷藏。这枚神奇硬币的拥有者，美国科罗拉多州科罗拉多泉的肯尼思·E·布莱斯特表示："这枚钱币历史悠久，是17世纪80年代在法国铸造的。其中一面的图案看上去很像一个盘旋在田野上空云朵里的飞碟。"

·相关链接·

科罗拉多州：原为阿拉帕霍、切廷内和犹他等印第安部族居住地。许多地名为印第安语。弗德台地国家公园中的崖洞是古代印第安普埃布洛人社区的遗址。至今仍有大约9000印第安人住在该州。16—17世纪，西班牙人和法国人先后来此。西班牙探险家看到落基山上彩色斑斓的岩石，遂将此地取名为"科罗拉多"，意为"红色的"。1803年，美国通过路易斯安

☆ 古代钱币上神秘的符号

那购买协议取得该州东部大片土地。1806年，派克斯攀登了以其名字命名的山峰（派克斯峰）。1859年，在派克斯峰发现金矿，掘金者蜂拥而至。1876年（美国独立100周年）建州，故有"百年州"之称，成为美国第38州。

布莱斯特曾任拥有3.2万名成员的美国钱币联合会主席，他说："上面的图案是研究专家认为的某种不明飞行物，还是《圣经》中描述的'伊西基尔转轮'？经过五十年的深入研究，专家对这个不寻常的图案还是无法作出解释。"布莱斯特认为，这个神秘的铜板其实并不是真正的钱币，而是一种"代用币"，它和当时的硬币很像，但却是一种教具，通常被用来教人们如何数钱，或用来代替游戏比赛的筹码。它和25美分的硬币差不多大小。

在16和17世纪，欧洲常常铸造并使用这类代用币。布莱斯特解释说："这枚特殊钱币的图案被认为要么是一种不明飞行物，要么是伊西基尔转轮，除此以外，没有其他看法。一些人认为，《旧约》中提到的伊西基尔转轮可能就是古人对不明飞行物的描述。"

布莱斯特表示，在古币上用拉丁文写的一圈文字也让人迷惑不解。专家把"OPPORTUNUSADEST"翻译成"时机到了，它会出现"。

飞在天上的这个物体是求雨的象征，还是《圣经》提到的那个轮子，或是外太空的访客？我们也许永远找不出真正的答案。布莱斯特指出："正是由于有了这些让人迷惑不解的疑问，收藏古币才会变得如此有趣。"

· 知识外延 ·

《圣经》：《圣经》是亚伯拉罕诸教（包括基督新教、天主教、东正教、犹太教等宗教）的宗教经典，由旧约与新约组成。旧约是犹太教的经书，新约是耶稣基督以及其使徒的言行和故事的记录。天主教和东正教的旧约圣经共46卷，当中包含了其他宗派划为次经的数个书卷；基督新教的旧约圣经有39卷；而犹太教的圣经由于把多个章节较少的书卷合成一卷，总数只有24卷。新约圣经的数量比较一致，都是27卷。犹太教和伊斯兰教并不承认新约圣经为正典。

UFO与《圣经》

《圣经》是影响人类思想和文化的第一书，我们的科学家们却在《圣经》中也发现了UFO现象。

在研究UFO的人士中，有一派人被称为"圣经飞碟学派"。这是一个神秘的学派，这个学派的人士认为，大约在2500年前，居住在另一个星球的一批外星科学家已掌握了生命的奥秘——遗传基因DNA，他们能够随心所欲地创造生命。在一次激动人心的会议上，他们讨论是否要"按照他们的形象"来创造高等生物。主持会议的是《圣经》上所说的"天父"。与会的外星科学家大多赞成进行这项科学实验。但有一批科学家却认为创造高智能生物恐怕会危及自身安全，因而反对这项实验。这些反对者就是《圣经》上所说的"恶魔撒旦"。着手创造生命的外星科学家就是上帝。后来经过无数次的讨论，决定这项实验必须在其他星球进行。

Deoxyribonucleic acid，缩写为DNA），又称去氧核糖核酸，是一种分子，可组成遗传指令，以引导生物发育与生命机能运作。主要功能是长期性的资讯储存，可比喻为"蓝图"或"食谱"。其中包含的指令，是建构细胞内其他的化合物如蛋白质与RNA所必需的。带有遗传讯息的DNA片段称为基因，其他的DNA序列，有些直接以自身构造发挥作用，有些则参与调控遗传讯息的表现。

·相关链接·

DNA：脱氧核糖核酸（英语：

☆ 《圣经》

于是，这批外星科学家乘坐飞碟找到了地球。当时地球表面覆盖了一层浓厚的雾和水汽。他们立即进行地壳大改造，利用高超的科学技术，将海底的地壳集中，形成大陆。接着他们又在地球上进行生命创造，采取地球上常见的元素，以纯粹的科学方法构建遗传基因，创造出各种不同种类的生命。

这些外星科学家为了不让地球人忘却他们的存在，以及避免他们创造地球生物的遗迹逐渐消失，时常坐着飞碟重回地球。当时的原始人看到来自天空的高科技生物，自然地脱口叫道："啊！这是ELOHIM！" EIOHIM一语为古希伯来语，原意是"从天空飞来的人"，后来的人把它误译为"耶和华"，也就是"神"。

当时智慧的以色列人，由于进步最快，又拥有科学知识，建造了一个大火箭，就是所谓的"巴别塔"。外星人感到威胁，于是"我们下去，在那里变乱他们的口音，使他们言语彼此不通"，终于造成现在世界各国的不同语言。

"圣经飞碟学"将一部《圣经》用外星科学理论加以解释，显得别具一格，但究竟能取信多少人，我们无从得知。

摩西的约柜是带电的

"圣经飞碟学派"以对《圣经》中《摩西五经》的质疑来证实人其实就是"神"的儿子。《摩西五经》第二卷记载了摩西报道上帝对制作约柜下达的详细指示。给定的标准精确到毫米，对抬竿和金环该怎样安装，金属部分该由哪些合金组成等，都有规定。指示旨在将制作过程具体化，作出上帝希望有的约柜；多次提醒摩西别出差错，"要注意，你要不折不扣地按照图样制作每一个部分，你会在山上看到这些图样的……"

摩西也说，上帝会亲自跟他说话，而且从约柜的顶盖跟他说话。上帝再三告诫摩西，任何人不准走近约柜。上帝为搬运约柜详细规定了搬运者要穿的衣服以及适当的鞋具等。尽管考虑非常周到，后来还是出了事故。《撒母耳记》中记叙道：大卫让人搬运约柜，乌撒过来走在一旁。从边上经过的牛群见到约柜，冲过去要撞倒约柜，此时，乌撒用手扶住约柜，他像是给闪电击中一样当场倒下死去。

毫无疑问，约柜是带电的！倘若今天真是有人按照摩西传下的指示加以复原，那就是一只充电达几百伏特的电容器。这一只电容器由金板构成，其中一块金板充有正电荷，另一

☆ 《圣经》中的故事

UFO 未解之谜 UFO wei jie zhi mi

块充有负电荷。如果约柜顶盖上的一
对守护天使还有磁体的作用，那就是
极好的扬声器——也许是摩西和宇宙
飞船通话用的一种对话机。

人们可以在《圣经》里查阅约柜
构造的细节，其详细的程度可以说是
完美无缺。我们不用冥思苦想，就会
记起约柜的周围常常是电花四溅，就
会记起摩西每次使用这台"发射机"
时都需要指点和帮助。

摩西听到上帝的声音，但是他
从未见过上帝一面。有一次，他请求
上帝亮相，上帝回答："你不可以看
见我的面容，因为见到我的人没有活

了的。"上帝又说："你看！那儿是
苍穹，我就在它边上，你走到山崖上
去。就在我的壮丽景色消失时，我会
将你安放到山崖的深渊里去，我再伸
展开我的手，挡在你的上面保护你，
一直到我过去为止。然后，我举起我
的手，你这才可以从我后面看着我。
可谁也不能看到我的面容！"

事情拥有的相似性真是令人惊
讶。《吉尔伽美什史诗》由苏美尔人
创作，它的诞生比《圣经》早得多。
令人惊讶的是，《吉尔伽美什史诗》
中也有极相似的句子："非永生者不
上诸神圣山，见诸神面容者必亡。"

流传下来的各种古代书籍有十分相似的描述。诸神为何不愿意面对面地让人见到他们呢？他们为何不肯卸掉自己的面具呢？他们害怕什么呢？

诺亚是谁的儿子？

在《拉麦文卷》里有一段离奇的故事。现存的文卷只是断片残简，所以整篇文字缺句少段。然而留下的部分用来描述这个故事还是够完整的。

这一篇文献资料说的是，有一天诺亚的父亲拉麦久别返乡，见到家里有了一名男孩。男孩子他的外表没有一点儿像家里的人，这使拉麦感到意外。拉麦严厉责备他的妻子巴特·爱诺施，声称这孩子不是他的。这时巴特·爱诺施以万分敬重的心情对他发誓，精子是他拉麦的——既不是什么士兵的，也不是什么外人的，更不是哪一个"上天之子"的。这些文字引出一个问题：巴特·爱诺施说的究竟是怎样一种类型的"上天之子"？不管怎么说，这个家庭悲剧发生在大洪水之前。

拉麦怎么也不相信他妻子的保证，内心深处不得平静，便动身找他父亲马士撒拉商量。他到了父亲那里，诉说使他感到如此忧伤的家庭之事。马士撒拉静心听取诉说，经过考虑就动身去找贤明的以诺征求意见。

家里出现一份意外的礼物，搞得大家心神不定，所以年迈的主人不辞劳苦出了一次远门：小男孩的来历一定要弄个水落石出。马士撒拉对以诺说，他儿子的家里冒出一个男孩，他的外表看起来与其说像是人，不如说像是上天之子：眼睛、头发、皮肤以及全部气质都与家人不一样。

聪敏的以诺听过陈述，送年迈的马士撒拉上路回家，同时告诉他令人极为不安的消息：将会有一个大刑事法庭来审判地球和人类，要消灭全部"肉体"，因为它肮脏、腐败。至于那个受到家庭怀疑的陌生男孩儿，他已经被指定为世界大审判幸存者后代

☆ 摩西

☆ 诺亚方舟的传说

的祖先。因此，马士撒拉应该责成儿子拉麦替这个孩子洗礼，取名诺亚。马士撒拉回家告诉拉麦，他们全家面临了什么事情。拉麦还有什么可说的呢？只有承认这个与众不同的孩子是他亲生的儿子，然后替他取名诺亚。

这个家庭故事真是稀奇古怪。情况表明，诺亚的父母已经获悉那预料之中的大洪水，祖父马士撒拉甚至还同意以诺的安排，对可怕的事件做好准备。而以诺呢，按照史料记载，事后不久就乘坐闪闪发光的天车永远离去了。

人种是不是宇宙生物有意识进行"培育"的对象？现在提出这个问题难道显得不严肃吗？巨人以及"上天之子"等失败的样品一再产生又随即毁灭，到底是什么意思呢？这样看来，大洪水成了登上地球的不知名智能生物事先计划好的一项工程，目的是消灭人种，只留下少数高贵者作为例外。可是，如果那次在历史上前前后后得到证实的洪水是完全有意识地

在事先作了计划而后着手实施的——而且在诺亚受命建造诺亚方舟之前几百年，那么，它就不能再被认为是上帝的裁决了。

今天，存在培育一种智商高的人种的可能不再是那样荒谬的命题了。蒂亚纳科的传说和太阳门顶部的铭文谈到了宇宙飞船，它载送原始母亲前来地球生儿育女，古老的圣经贤传也一样不厌其烦地讲述神怎样按照他自己的模样造人。有经文说，需要进行各种实验，直到人最终完美得与神意想中的一样。假定有宇宙中的陌生智能生物在史前访问过地球，我们便可以想象，我们今天的长相正与那些传说中的陌生生物相似。

原罪是对外星人的背叛吗？

在苍茫遥远的史前时代，存在过一种人或动物杂交生出的两性同体的动物。人类早期的文学艺术让人坚信不疑。

长着人的脑袋的带翼的兽类、美人鱼、蝎子人、鸟人、希腊神话中人首马身的怪物，以及长着好几个脑袋的大怪物，栩栩如生地活在我们大家的记忆中。

一些古书断言，这些两性同体的

生物还在原始人群、部落甚至多民族大混杂的历史时代共同生活过。这些古籍提到，这些两性同体的生物是作为"寺院动物"勉强维持生存的，看起来曾经是居民的宠物。苏美尔的大王们以及后来的亚述人都追寻过半人半兽的怪物——也许纯粹是为了娱乐消遣。

埃及公山羊还出现在12世纪建立的圣殿骑士团的故事里。它走路挺直，头上长着黑色毛发，山羊蹄子，山羊臀部，并拥有强有力的阴茎。希罗多德在他的《埃及史》中描述过奇特的黑色鸽子，它们曾经是"半人半兽的雌性动物"。在波斯的阿拉斯河河口地区居住的人们，据说曾经"与

☆ 美人鱼铜像

鱼结伴"，而且据希罗多德叙述，他们当时是身披鳞皮的鱼人。印度的吠陀叙述了"用手倒立"的人。在《吉尔伽美什史诗》中，恩基度当时不得不"与诸兽相疏远"。在佩里托俄斯的婚礼上，人首马身的怪物——长着马的身子和人的上身的半兽之人，强奸了拉庇泰妇女。有六位少年曾经牺牲于牛头人身的怪物口腹之中。

古希腊哲学家柏拉图在他的《会饮篇》中写道："原来，除了男性和女性之外还有第三种性。这种人有四只手和四只脚……他们的力气很大，他们的思想性格大胆放肆，他们曾计划攻占天国，加害诸神……"

在一些铭文中往往被称为"万能的诸神"的希腊卡比雷诸神，隐秘地崇拜着生殖能力过人的人，这种崇拜从古埃及、古希腊文化时期一直延续到古罗马文化的黄金时代。

因为卡比雷诸神的祭祀活动是秘密的，故而至今也无法弄清楚，这些相互之间进行粗野的性游戏的诸神到底是在干什么。但无论如何，可以肯定的是：参与这些寻欢作乐的始终有两位女卡比雷神和两位男卡比雷神以及一头动物，不仅男人们和女人们相互交媾，动物也是活跃的角色！

联系到这一点，也许还应该提到埃及的阿匹斯公牛——"孟菲斯神圣的公牛"。它们因为交配频繁

☆ 古代绘画

而变干瘪了，成了木乃伊，被装在长三米、高四米的石棺里。

塔西陀在其《编年史》第15卷中描写了提格林努斯家里每日晚上的纵情放荡，这种放浪行为是在半人半兽的怪物参与下进行的。这种在秘密团体中进行的性欲反常行为进行了多久，已无从查考。

对希罗多德来说，这种事情过去有时候令人觉得有些难堪，他用左手写道："……公山羊在众目睽睽之下与一名妇女相杂交……"

犹太教的《塔木德》告诉人们，夏娃同一条蛇交配过。这一指责刺激了很多艺术家。在努珀尔发现的残破陶器上，画着一个女人的肖像，她长着发育良好的乳房和一条蛇尾巴——这里顺便提一下，它同那些诱使漂亮的小伙子们贪恋自己美色的塞王不无相似之处。

我们在历史上的邪恶方面——尽管它是如此令人不快——是挥之不去、修改不了的。陶器碎片上、悬崖峭壁上和动物骨头上有以前的性放纵的文字和图画，不言自明。

根据今天的生物学知识判断，人与兽之间的杂交是绝不可能的，因为两者染色体数量是不一致的。这种交媾断不能产生有生命力的生物。然而，我们是否知道，这种混杂生物的染色体数量究竟依据何种遗传密码构成呢？

这种对人兽性行为的崇拜——这在古代是怀着巨大的热情并作为一种享受来进行的——现在看来是违背良知的行为。特有的交配的"良知"是否来自于外星智能生物？诸神重新启程返回群星以后，地球居民是否"旧病复发"过？这种罪行的重犯等同于原罪吗？

·知识外延·

《塔木德》：《塔木德》是流传三千三百多年的羊皮卷，一本犹太人至死研读的书籍，犹太教口传律法的汇编，仅次于《圣经》的典籍。主体部分成书于2世纪末至6世纪初，为公元前2世纪至公元5世纪间犹太教有关律法条例、传统习俗、祭祀礼仪的论著和注疏的汇集。

远古宇航员

如果仅仅发现一例，尚不能说明问题，可是，各大洲均有发现，这该怎样解释呢？他们是远古的"神"吗？

在许多史前岩画和石刻中，出现了不少奇特内容，其中包括无法解释的技术成分，以及同当今的宇航员相似的服装和物品。在上述岩画和石刻中，人物由线条构成，表现手法笨拙。即使在最成功的作品中，人物也只能看到侧面轮廓。但是，在全世界各大洲都发现了这样的史前绘画，画面上的人物穿着臃肿的服装，头上戴着奇怪的、带有天线的圆形头罩。从正面看，他们的身高似乎在一米到六米之间。考古学家们最初以为他们是动物，但是同表现动物的通常手法相比较，这种解释却站不住脚。而后，科学家们发现他们可能是"神"，但"神"这个概念在石器时代是没有的，这些"神"出现的形式与古代和中世纪不同。在石器时代，人们崇拜动物、火、太阳或雷电，绝没有把大自然的力量当成人的形象来描绘。

☆ 石壁上神秘的雕刻

1979年，在蒙古共和国的乔洛特谷发现了刻在一段长12千米的隧道壁上的岩画。这幅已有五千五百年历史的作品，描绘了一些在太阳和月亮上方飞行的鸟、人物、蛇和无法解释的人形动物。它们身体肿大，有些手和脚各只有三个指头。

1969年，考古学家们在乌兹别克的费尔干纳发现并拍摄了一幅新石器时代的岩画。画面上有一个头戴装有天线的密封圆形头罩的人物。他的背上背着一个奇特的装置，像宇航员离开飞船在太空活动时使用的呼吸器。

早在1961年，C·沙茨基就发现了两幅类似的图画。第一幅表现的是一个头戴潜水员那种头罩的类人动物，他的头部周围光芒四射。图画发现的地点在哈萨克斯坦的纳沃伊镇附近。这幅已有五千年历史的岩画上面有好几个携带呼吸器的人。

在中美洲的萨尔瓦多发现的一个陶盘上，绘着一个奇怪生物驾驶着长长的、形状如同雪茄烟的飞行器掠过棕榈树上方的情景。

1956年，一位法国考古学家在意大利境内的阿尔卑斯山区，发现了一幅新石器时代的岩画。画上有一人，身穿臃肿服装，背着圆筒形呼吸器，戴着圆形密封头罩，头罩上有观察孔和天线。

在伊朗的贝希斯坦省发现了一幅半浮雕，表现"五洲十国的征服者"大流士参拜火神阿胡拉马兹达的场面。这位火神乘坐一只箱子飞过人们的头顶。那奇怪的箱子尾部喷射火焰，而火神的左手握着一个像是操纵杆的装置。

在两河流域的苏美尔和阿卡德，发现过一些石板和雕刻，上面可以看到被光环围绕的星星，光环周围分布着大小不同的星球，还有头上顶着星星的人物，以及驾着带翅膀的圆球飞行的奇怪生物。还有图画描绘了类似原子在一个晶体网内沉淀的现象：一些小球环绕同一个圆等距离排成一圈，交替放出辐射线。

·相关链接·

中美洲：中美洲是指墨西哥以南、哥伦比亚以北的美洲大陆中部地区。东临加勒比海，西濒太平洋，是连接南美洲和北美洲的狭长陆地。包括危地马拉、伯利兹、萨尔瓦多、洪都拉斯、尼加拉瓜、哥斯达黎加和巴拿马等七个国家。

1956年，法国研究工作者亨利·洛特在阿尔及利亚沙漠中的塔西里高原上的杰巴伦地区，发现了数以百计布满绘画和雕刻的岩壁，总共有数千个动物和人物。其中有些人的衣

☆ 现代宇航员

着完全没有那个时代的特征。他们手持一些圆环，圆环连接正方形盒子。两人身穿潜水服，圆形头罩上装有显然是抛物形天线的东西。要知道，圆形头罩和天线同各种祭祀仪式上人们戴的面罩和羽饰毫无共同之处！壁画上还有二十来个穿着这种笨重服装的人物，他们同野兽形象的完美逼真形成鲜明对照。在高原中部一块突兀的岩石上，矗立着"火星大神"的塑像。塑像高达六米，神情冷漠威严，令人感到震慑。"火星大神"的服饰与宇航服极其相似：完全密封，无线缝；在臃肿的肩上托着一个与服装连成一体的圆形头罩，正对鼻孔和嘴的地方开有口子。专家们发现，这尊巨

形塑像的创作，表现了出色的空间和透视技巧。他们还认为，当时出现这样的服装毫无道理。

表现类似人物的画像，在美国加利福尼亚州也有发现。例如，在因约城附近有个山洞，洞壁几乎布满了绘画。其中一幅上面可以看到一件极不寻常的东西。据断定，它可能是一把带双层边框的计算尺。

在瑞典和挪威的山洞里，也发现了新石器时期的石壁画。画面上的人物都有巨大的脑袋，没有特殊的表情。还有带翅膀的飞行物，它们绝不能与鸟类混同。

考古学家E·阿纳蒂在瑞士卡莫尼卡谷的岩壁上，发现了一些岩画。画上的人物穿着与当今宇航服相似的连衣裤，头上的圆形头罩带有天线，手里拿着一种三角形物品。这些头罩是什么东西？它们起保护作用吗？还有天线呢？难道只是一种装饰品？

在中国云南省昆明市附近，由于一次地震，几块金字塔形的石块从湖底被抛到地面上来，石块上刻着一种纺锤形的机械图形，且该机械装置正向天空飞去。大家知道，中国人早在两千多年前，就发明了火药助推的火箭，但是石块上刻的这种机械装置，似乎不是中国人的发明。

在苏联，科学家们发现过一幅半浮雕，画面表现的是一种类似宇宙飞

☆ 先进的航天器

船的物体：两根巨大的柱子托着一个方框，框内有十个相互紧挨着的圆，上面还有几个对称分布的小圆。

1913年和1969至1970年间，在非洲尼日利亚的阿伊尔山区发现了许多摩崖石刻。其中一幅石刻上有一个人物，他穿着奇特的连衣裤，裤腿肥大，脚登飞行员那样的靴子，头戴装有天线的圆盔，胸前明显有技术装置……

在拉丁美洲危地马拉，发现了一幅已有四千年历史的半浮雕。浮雕上有两个真人一般大小的人物：其中一个发长须短，跪在另一个面目古怪的人面前。后者站立着，双手叉在胯间。这里任何混淆都可以排除，站立者明显地穿着臃肿肥大的潜水服——长筒靴、宽松裤子、硬料上衣、腰带。胸部左侧有一个图盘，戴着特制手套(不分指头，很像拳击手套)，膝盖、腰间和其他关节处有密封接缝。

另有一套装置连接圆形头罩，头罩正面有铆接的观察孔，里面的眼睛和鼻子清晰可见。嘴部有一个鸟喙一样的突出部分，犹如防毒面具的过滤器。圆形头罩上还有根蛇形软管，通过转接器伸向背上的贮气筒。所有这些东西对远古时期的该地区来说是完全陌生的。它们不仅没有用处，而且在那种赤道气候条件下，装置若非绝对密封并配有增压设施，人是无法穿戴和配置它们的。

在地球的另一侧，四面环海的澳大利亚德拉梅尔，也发现了这样的石刻。那些已有一万两千年历史的石刻所表现的人物，也身穿臃肿密封的"潜水服"，当然也有圆形头罩。可是，在澳洲炎热的气候条件下，当地土著居民从来没有使用过这样的服装和装饰品。

还有一个这类例子是在复活岛上发现的。那个地方被土著居民称作"大地中心"。在那里最高的拉诺考火山峰上，有奥隆戈(人鸟村)遗址。村子正面几百米远处是海上莫图内(人鸟岛)。这两处地方都发现了刻在坚硬的火山熔岩上的奇怪图画。画面上是生长双翅的鸟头怪人，喙很长，满口牙齿，有的鸟翅膀尖上托着一个蛋。这些都是复活岛上传统的装饰图案，但至今无法解释。我们知道，地球上唯一长牙齿的鸟类是始祖鸟。它生活在侏罗纪，复活岛上的居民根本不可能见过它。画面上的其他人物则体态肥壮，有着圆圆的大脑袋和圆眼睛，目光呆滞古怪。这些石刻已有近两千年历史了。

地球上所有这类石刻艺术，都有明显的类似之处：臃肿的上衣，带天线和观察孔的圆形头罩，手套，宽腿裤，以及背上的奇特装置。世界各大洲，包括最偏僻的海岛、难以攀登的高山和人迹罕至的密林，那里的穴居古人难道都上过同一所绘画与雕刻艺术学校？或者他们曾相互访问，交流过艺术创作的思想和心得？如果这些服装是祭祀仪式上用的服饰和头罩，那么，为什么即使在气候条件从来不允许穿这种服装的地方，它们的画法也丝毫不差？如果说原始人这样画、这样刻是因为他们笨拙，那么，为什么阿尔米塔拉、拉斯考克斯、塔西里和马尔索拉斯的人们，都创作了当之无愧的艺术作品呢？有科学家认为，这些岩画石刻艺术表现的是人们在现实生活中所见到的人物：身穿宇宙服、乘坐飞行器从天而降的宇航员。这种假说难道一点道理都没有吗？

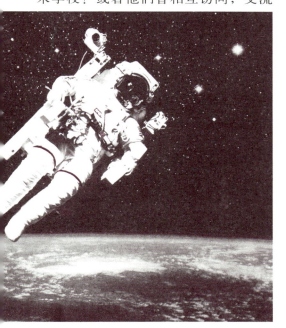

☆ 宇航员在太空中

· 知识外延 ·

复活岛：复活岛也叫复活节岛，是南太平洋中的一个岛屿，当地的语言称之为拉帕努伊岛，位于智利以西外海三千千米以外。复活岛是世界上最与世隔绝的岛屿之一，其离最近的有人定居的皮特凯恩群岛也有两千多千米距离。该岛形状近似呈三角形，由三座火山组成，与胡安·费尔南德斯群岛同为智利在南太平洋的两个属地。复活岛以数百尊充满神秘感的巨型石像闻名于世。

文艺复兴时期的UFO

考古学家、天文学家们的研究可谓深入细致，连文艺复兴时期的名画也都搬腾出来，试图找到UFO存在的证明。但愿科学研究不要走入歧途。

据英国《泰晤士报》报道，一名意大利考古学家日前宣称，他通过对一系列意大利文艺复兴时期绘画的研究，惊奇地发现在一些艺术大师作品内的天空中，存在着一些圆盘状不明物体。他认为这是古代大师给

☆ 文艺复兴时期的艺术作品

后人留下的一个记录，也就是早在15世纪，外星飞碟就曾光临过地球。这证明，外星人一直在关注着人类的地球。当年56岁的西格那·沃尔特里是罗马的一名专业考古学家，他擅长于古代金属物体的分析与鉴定，也是一名飞碟现象的热衷者和研究者。"在我还是个孩子时，我就对一切无法解释的东西感兴趣。现代科学家们常常将一些无法解释的现象归结于人类幻想，譬如外星人。但我认为科学工作正是要解答一切神秘问题，而不是将它排斥在外。"沃尔特里称，通过对一些文艺复兴时期绘画的研究，他认为外星人现象其实早在几百年前就已存在，人类的老祖宗早就怀疑在地球之外可能还存在着其他生命。

在他的近作《古代编年史》中，沃尔特里列举了一系列例子，证明外星人早在15世纪就光临过地球。"最著名的一幅画是15世纪意大利画家菲利皮诺·利皮的《圣母和圣约翰》，

画里面一名牵狗的男人显然正在凝视圣母玛丽亚肩膀附近一个飞碟状的物体。有人称那是画家作画时不小心犯下的污点错误，但是既然如此，画家又为什么要画上一个男人和一只狗专注地凝视天上的这个不明物体呢？这幅画现藏在佛罗伦萨帕拉佐博物馆，每个意大利人都能亲自去看一下。"

· 相关链接 ·

圣母：基督教认为，耶稣基督的生身母亲名叫玛利亚，是木匠若瑟（约瑟）的妻子。圣经记载，圣母生耶稣前，她和约瑟从未同房。圣母玛利亚是耶稣的亲人中第一个认定耶稣是天主（上帝）圣子的人，也是全世界第一个恳请耶稣基督首次施行神迹的人。她在耶稣基督钉十字架时在场，被耶稣托付给了使徒若望(约翰)照看。耶稣基督复活后，圣母是第一批赶赴空坟墓的人之一。

此外，据沃尔特里称，在另一位文艺复兴时期的画家玛索里诺·达帕尼凯尔作于1429年的画作《雪中奇迹》里，也有神秘的云状不明物体。"这幅画现藏于那不勒斯的卡波迪蒙蒂兹博物馆，该画描绘的是公元4世纪的一个真实历史事件。然而让人奇怪的是，画中天空那些奇怪、黑暗、拉长的云状物体太像如今人们描述的UFO了。"沃尔特里称他曾将这幅画上的飞碟状物体和1955年有人于比利时那玛市拍下的所谓UFO照片相比较，发现两者惊人地相似。"此外，在15世纪佛罗伦萨学派画家保罗·乌且罗的画作《耶稣受难》里，天空中有些东西跟美国人在1950年到1960年拍下的所谓UFO照片一模一样。"

· 知识外延 ·

佛罗伦萨：佛罗伦萨是意大利中部的一个城市，托斯卡纳区首府，位于亚平宁山脉中段西麓盆地中。15至16世纪时是欧洲最著名的艺术中心，以美术工艺品和纺织品驰名全欧。欧洲文艺复兴运动的发祥地，举世闻名的文化旅游胜地。1865－1871年曾为意大利王国统一后的临时首都。工业以制造玻璃器皿、陶瓷、高级服装、皮革为主。金银加工、艺术复制品等工艺品亦很有名。佛罗伦萨国际当代艺术双年展，与威尼斯双年展、米兰三年展并称意大利三大艺术展。

沃尔特里还称，在16世纪意大利画家萨里蒙贝尼的名画《圣餐颂》里，"有一些东西看起来就像俄罗斯的人造卫星斯普特尼克号，在画中上帝和基督中间，有一个金属球体，该球体的突出部分极像一个电视摄像机镜头，该球体还伸出两根触须，仿佛现在的雷达天线。这幅画现藏在意大利中部城市锡耶纳附近城市蒙塔西那的一间教堂里"。

沃尔特里对记者道："我相信早在15世纪，就有外星人光临过地球。尽管当时的人们不明白那些神秘的天象，然而这些画家仍然有意地将其表现在绘画里，留给后人一个信息和记录。"

对于沃尔特里的文艺复兴时期"飞碟论"，其他一些欧洲学者有着不同的看法。英国牛津大学艺术史系的马丁·肯普教授就认为，文艺复兴时期绘画中的UFO现象完全可以有个合理的解释："许多艺术家用他们自己的想象表现神的力量。譬如《圣经》中没有出现天使，但是画家却通过自己的想象将他们描绘成人的模样，他们也可以被称作'飞行物'。况且玛索里诺·达帕尼凯尔画中的那些物体根本不是UFO，仅仅只是画家通过透视画法画的一些云朵而已。"

UFO未解之谜

UFO wei jie zhi mi

☆ 文艺复兴时期的绘画作品

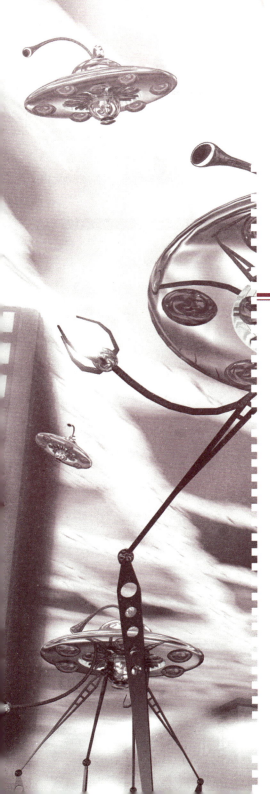

第二章

飞碟猜想

　　关于飞碟的形状人们已经有了很多的描述，除了像圆盘外，还有其他形状，如卵形、棍子形、鱼形、汽车形、菱形、星形、圆柱形等。但关于飞碟的动力，人们无论怎么猜测也还是不得而知。它们飞行的速度为什么那么快，它们为什么会高速旋转，人类目前实在是无法知道……

UFO上神秘的符号

飞碟上的外星人也应该有自己的思维、语言和文字，以表达某种信息。看来，在全宇宙中，无论是人类、类人生物，还是我们所说的外星人，都遵循着共同的文化、文明发展轨迹。

很久以前人们就发现，有些飞碟表面带有某种符号、奇怪的文字和图形。在美国《蓝皮书》档案中，有一份目击证据材料，它是墨西哥警察罗尼·查莫拉提供的。他在这份目击报告中称："我曾亲眼目睹过一个卵形飞碟，旁边还站着几个类人生物……据我分析，这可能是些身材不高的来自外星的成年人或大孩子。时间不长，它就伴随着哨声和轰鸣声飞走了。地上的草被它烧焦了，留下清晰的着陆痕迹。"

著名天文学家、飞碟专家、美国空军UFO问题顾问海尼克博士就这起事件得出结论："1964年4月24日下午在墨西哥索科罗岛发生的卵形飞碟着陆事件，是一起人体能明显感触到的真实事件。"至关重要的是，目击者洛尼·扎莫拉还发现那个卵形飞碟的表面带有一个奇怪的符号。

更令人惊异的是，有时，在一些不明飞行物上还带有我们地球上的字母和数字。在美国《蓝皮书》档案UFO目击录中，有一份来自美国俄克拉荷马州坦普尔市的报告：1966年3月22日，一个叫维·雷克斯顿的目击者看到天空中出现一个带水平翼和襟

☆ 飞碟飞临地球

UFO 未解之谜 UFO wei jie zhi mi

翼的鱼形飞碟，尾部喷着火焰，外壳上带有"T14768"或"T14168"的标志。维·雷克斯顿在空军基地工作多年，他深知这一发现有多么重要。军事人员详细调查了该飞碟的着陆地点后确认，此事件属实。他们还找到其他一些见证人。

· 相关链接 ·

空军基地：1.保障空军航空兵驻扎、训练和作战的军事基地。通常包括机场、航空器材、油料、军需的供应机构和飞机维修、通信、导航、气象、运输等勤务部队。2.供空军试验新型武器的场所。

☆ 飞碟着陆瞬间

在俄罗斯，类似事件也时有发生。1990年4月21日，在俄罗斯奥廖尔州的帕斯罗沃村，众多目击者发现空中出现一些光球，光球表面有类似罗马数字的符号。这些符号像我们地球上的飞行器上印写的标志和文字一样固定而清晰。但是，在俄罗斯赫尔松州曾发现一个飞碟，它上面带有可变数字：飞碟上的数字由"141"变为"157"。

更令人迷惑不解的是，在飞碟的外壳上有时还会直接出现一些投影式的人脸、人体或其他一些离奇古怪的形体。1990年3月14日至15日夜，在俄罗斯南乌拉尔铁路的卡塔尔车站，列车记录值班员留德米拉·希兰杰娃讲述道："我们在交接班时才得知，在前一天曾出现一个飞碟。可是，第二天晚6点30分，在离我们约500米处的车站天桥附近，又出现一个'火球'状飞碟，最初它呈红色，后来变成像月亮一样的淡黄色，还发现在'火球'飞碟里面有某种人脸似的东西。9

点30分，'火球'离我们更近了，并悬停在空中一动不动，然后转瞬即逝……"

飞碟上还常出现一些更复杂的图像。1989年8月8日，俄罗斯某仪表厂厂长尼古拉·鲍伊卡发现空中出现一个圆柱形飞碟，它悬停在半空中纹丝不动。突然，从飞碟底部向地面射出一道光柱，这时，有几个类人生物出现在飞碟光柱中，他们顺着光柱飘落到地上。接着，这个神奇的圆柱形飞碟像一个能卷能伸的窗帘一下子舒展开。奇怪的是，展开后的长方体像电视荧光屏一样开始发光，从侧面看去，它呈现出一个站着的女人形体：白脸黑发，高高举着一只手，五根手指又细又长。她旁边还站着一个与其形态相同的带胡子的黑发男人……这一现象已被拍成照片，正如照片上所显示的那样：那

UFO 未解之谜

☆ 飞碟时常光临地球

个圆柱形飞碟展开后很快又合上了，然后又再次展开、合上……

不可思议的高超特技

我们许多人都见过空军的特技表演，曾为飞行员的高超技巧而赞叹。比起人类的空军表演来，UFO的特技更是高超，具有梦幻般的艺术感，我们只能是望"空"兴叹！

对于飞碟具有的超凡古怪的飞行性能，飞碟专家曾研究多年，并特别注重对那些准确的观测资料的研究。

在一个晴空万里的中午，一个叫仲道的飞碟专家发现，一个银灰色飞盘正在约3000米高空沿一条正弦曲线状轨迹飞行，尽管它的速度约是喷气式飞机的四倍，但丝毫听不到声音。它在完成了几个方向陡变的空中"特技"后悬停在半空中，一动不动地待了约十分钟。后来，它来了个慢转弯动作，然后朝仲道站着的方向俯冲下来，飞行高度降至30米，最后降到离地一米高——它下降时的姿态就像一片落叶轻飘飘地落了下来。后来，它同仲道"亲近"了一下后便猛然升到树顶，然后又以梦幻般的速度疾驰而别，转瞬即逝。仲道说："在我一生中还从未见过这样的怪物。"

特技一：凌空悬停 稳如泰山

常见的一种UFO的飞行姿态是，纹丝不动地悬停在空中或离地不高的半空中，而且丝毫见不到能确保这一凌空悬停的任何机械作用的表现形式。很显然，UFO无论如何也不会利用普通飞机所借助的那种空气动力学的上升浮力来飞行，因为一则UFO并非凭借像直升机那样的螺旋桨来悬停，二则UFO飞行时既无气流又无烟团，从而排除了它使用普通喷气发动机的喷气推进力的可能。

特技二：升降变换 神奇莫测

站在UFO乘员的角度来研究UFO的升降问题是再恰当不过的了。UFO

☆ 天空中出现UFO

佳方法。

现在，我们仍然站在UFO乘员的角度来讨论和推断：UFO怎样以幻想般的性能使自身达到飞行高度？很显然，UFO在达到飞行高度时不存在飞行失误的危险，因为UFO乘员会考虑到树木、电线和楼房等可能出现的障碍物。UFO乘员为竭力抵消引力而减轻了飞行器的重量，从而确保飞行器具有升浮力，使UFO能平稳上升，达到安全高度，最终安全而准确地飞抵指定地点。在几乎所有UFO飞离着陆点的目击者事件中都能发现，UFO总是作两阶段机动飞行：先谨慎地缓慢升到15至30米高度，然后再以惊人的超快速度远离。

理论上的计算表明，UFO以极高速度远离飞行时所耗用的能量，相当于一颗原子弹爆炸时所释放的能量，能同时伴有温度高达85000℃的热效应，还应伴有放射性增强和放射性沉降物沉降的现象。因此，研究人员据此得出结论：UFO不可能是地外生物驾驶的航天器，因为UFO不符合物理学定律。假如UFO乘员果真是来自外星的生物，代表着高度发达的文明，他们就应该符合相对论，因为相对论对任何一个物理学部门都是必不可少的。相对论的正确性在回旋加速器、线性加速器、核反应堆和原子电站的工作中，每天都得到验证。今天，相

开始下降时，悬在半空中的UFO的浮力将垂直向上起作用，从而靠向下起作用的重力达到平衡的目的。假如不改变飞行器本身的升浮力，UFO乘员就会一下子倾向不同的方向；只有UFO改变了自身的升浮力，才会产生一种确保UFO平稳地向不同倾斜方向运动的力。UFO乘员随时可将操纵手柄置于中间的位置，然后继续向相反的方向机动飞行。在UFO继续朝不同方向作下降机动性飞行的同时，靠其精确的驾驶系统可使UFO下降到任意高度，又可通过把操纵手柄固定在中间位置使UFO悬停在这一高度，因而可避免出现失误的危险。看来，对UFO来说，无论按照"落叶"式还是"摆锤"式下降飞行，UFO乘员都是选择了这种能控制下降飞行过程的最

对论被用作天文学和宇宙学上阐述引力场的基石，还用于解释所有现代观测。如果UFO能使引力对其质量的影响"归零"，那么UFO的惯性也必然同时"归零"。包覆在UFO周围的引力防护屏应像其周围的惯性防护屏一样发挥作用，那么，失去质量的UFO怎样控制自己呢？

·相关链接·

人类航天器：又称空间飞行器、太空飞行器。按照天体力学的规律在太空运行，执行探索、开发、利用太空和天体等特定任务的各类飞行器。世界上第一个航天器是苏联1957年10月4日发射的"人造地球卫星1号"，第一个载人航天器是苏联航天员加加林乘坐的东方号飞船，第一个把人送到月球上的航天器是美国"阿波罗11号"飞船，第一个兼有运载火箭、航天器和飞机功能的飞行器是美国"哥伦比亚号"航天飞机。航天器为了完成航天任务，必须与航天运载器、航天器发射场、回收设施、航天测控和数据采集网以及用户台站（网）等互相配合，协调工作，共同组成航天系统。航天器是执行航天任务的主体，是航天系统的主要组成部分。

很显然，即便最小的力也能产生极大的加速度。实践证明了这一点——UFO只用几秒钟时间就完全消失在目击者的视野中。此外，UFO还能以肉眼无法跟踪的加速度开始运动，所以能在人的视觉中产生一种转

☆ 宇宙中的UFO

瞬即逝的错觉，即闭灯时灯光刹那间消逝的一瞬。目前已知，人的肉眼不可能跟踪上加速度超过20m／s²的物体的运动。

要对我们对于UFO问题的所有观点是否正确进行全面评估，就需要有远超出现代水平的知识。但不管怎样，我们没有任何根据对UFO瞬间即逝的现象采取某种神秘学方法予以解释。也不必担心UFO中的乘员会甩出来，因为他们受到"惯性防护屏"的保护。

UFO的某些性能和特点同广义相对论的吻合之处是有限的，但在某些方面则同其完全一致。广义相对论认为，惯性质量和引力质量确切地说是同一种东西。

特技三：起伏飞行 应变无阻

UFO水平飞行时，甚至会以某种奇特的方式沿着一种"不合理"的正弦曲线轨迹运动。如果UFO飞经引力强度大的地区上空时，重力就会增大。这时，UFO会出现某种下滑飞行以降低飞行高度的现象。与之相反，当UFO飞过引力强度小的地区上空时，其飞行高度就会增大。如果我们沿着大陆表面运动，就会发现这样

一种常见的引力强度变化趋向：海洋上空的引力强度小于大陆上空的，此外，地球自转也能引起这一引力强度的某些变化。该变化也取决于引力强度测量地点所处的地理纬度。

对UFO在某些罕见情况下起伏不定的飞行可作具体分析，如UFO在侦察地形时，会在山峦起伏地区上空保持固定高度飞行。在此类情况下，对UFO的驾驶可能是利用类似雷达的地面信号反射系统自动进行的。

特技四：驰骋天宇 飘飘欲仙

1955年一个夏日，美国一架歼击机在新墨西哥州乌基克市附近约900米高的上空飞行，飞行员突然发现一

☆ 宇宙中的UFO

个神奇的飞碟——它在飞行员的头顶高速飞行，呈亮灰色，几乎是一个球形，上面至少有四个窗孔向外射出耀眼的蓝绿光束，这光束似乎随着飞碟的远离而变换着颜色。根据该飞碟飞经乌基克和波士顿两地的时间判断，其运动速度为7250至7700千米／小时，虽然它以如此快的速度在大气层中飞行，却丝毫没产生冲击波。

·知识外延·

歼击机：用于在空中消灭敌机和其他飞航式空袭兵器的军用飞机，又称战斗机。第二次世界大战前曾被广泛称为驱逐机。歼击机的主要任务是与敌方歼击机进行空战，夺取制空权。现代的先进战斗机多配备各种搜索、瞄准火控设备，能全天候攻击所有空中目标。世界上公认的第一种真正意义上的歼击机是法国的莫拉纳·索尔尼爱L型飞机。歼击机具有火力强、速度快、机动性好等特点，是航空兵空中作战的主要机种。

1995年8月，华盛顿上空曾出现UFO列队飞行的奇观。当时，美国空军和民航塔台的雷达都跟踪到这队飞碟。它们当时的飞行速度是12000千米／小时，其中有几个飞碟仅用肉眼就能看到。四个月后，美国一架B—29飞机在墨西哥湾上空飞行时，借助机载雷达发现几个飞碟，其飞行高度达5500米，速度为8450至14500千米／小时。须知，人类制造用于宇宙考察的大型运载火箭，其速度只有在大气层外的近地宇宙空间飞行时才达到29000千米／小时。

1969年11月，美国载人登月飞船在从地球出发飞抵月球期间，一直受到一个神奇的UFO的神秘跟踪。这些神秘的飞碟以超音速飞行在宇航员面前，显示其技术上的成就和优势。飞碟飞行时不仅避免产生冲击波，还极大地提高了飞行时的能量利用率。很显然，它飞行时能有效地抵消冲击波，它抵消冲击波的技术细节我们尚不清楚，不过，其中有些奥秘已被揭开：似乎飞碟逼近的信息会被立刻传导给前方空气，从而使空气中的气体分子提前接到这一信息，进而为飞碟即将经过的空域"开道让路"。待飞碟顺利通过后，其后面"开道让路"的空气立刻闭合，恢复原状。UFO就是以这种方式畅通无阻地穿越大气层的，这样做的能量消耗极小，因为在飞碟行进的前方永远也不会形成冲击波。显然，所有这一切使得飞碟表面会出现等离子体光晕或某种光能效应。

♪特技五：自旋变换 奥秘无穷

据观测，飞碟有时会以整体或某部分作自转运动，这自然要涉及一些问题：飞碟为何以这种方式运动？飞碟的旋转部分发出某种声音吗？有哪些固定类型的飞碟作自转运动？

有时，着陆飞碟的上部会发生旋转直至它离地升空，同时其旋转速度逐渐加大，最终达到极高值。大量观测表明，飞碟整体旋转的这一特点同一定的飞碟类型没有关系。还发现，会旋转的飞碟既有球形的，也有卵形的，还有圆盘形等形状的。不难设想，无论飞碟是整体旋转还是其下部机构旋转，其用途都是为了保证其在空中的高度稳定性。大量实验性研究证明，这一推断是正确的。

令人不可思议的是，要使坐在飞碟内的乘员平安无事地飞行，飞碟的旋转部分只能是它的外表部分，因此，只能作出这样的推断：在飞碟的外部机构与内部机构之间装有某种交连装置。当然，飞碟壁壳上的舷窗不可能随其旋转部分同时旋转，因而每当飞碟乘员需要向外瞭望时，他必然要使飞碟的旋转机构停止转动以便观察。

无论哪种类型的飞碟都有一个共同特点，即着陆后静止不动，也不旋转。通常，观察到飞碟旋转的情况是极为罕见的。可见，大量事实和研究证明，自旋并非飞碟飞行时的一个必然属性，是否需要旋转取决于飞碟驾驶员的愿望。

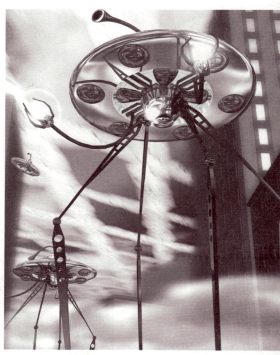

☆ 人们想象中的UFO

UFO未解之谜

UFO wei jie zhi mi

UFO动力悬疑

"飞碟风暴""飞碟热效应"，这是飞碟产生的两种重要现象。UFO的动力系统一定是以我们目前尚不清楚的一种机械动力装置为基础的。UFO的性能同现行理论完全吻合，但又似乎超出现代技术条件的水平极限。

最初，人们对飞碟的运动机理还不清楚。同飞碟相遇的目击者都会感受到，当飞碟着陆或升空时，都伴有狂风大作，其风力狂暴程度至少使其中一名目击者跌倒在地。当飞碟在沙漠地带着陆时，会激起狂烈的沙暴。在另一起事件中，当飞碟飞越大雪覆盖的雪原时，几乎把地上的雪吸至飞碟腹下。还有一次，在飞碟的下方出现强烈的雪旋风暴。此外，还发现，在飞碟着陆的两个地方，地上的土被翻了出来。还有另一处飞碟着陆的地方，没有任何落叶靠近此地。当飞碟悬停在大海上方时，海面会掀起约15米高的巨浪，海浪直朝飞碟的方向吸去。有时，当飞碟离去时，还会将附近的小汽车掀翻。这一系列现象基本上可解释为"飞碟风暴"导致的结果，但也可能与其相反，是飞碟对地面物体产生的某种直接的物理作用所致。在另一次观测中还发现，在一条公路上一辆卡车被一个飞碟"带"到半空中，然后大卡车翻倒在路旁的水沟中。美国明尼苏达州的一名年轻汽车司机，在接近飞碟时一下子失去知觉。后来发现他驾驶的汽车来了个180度大转弯后，倾斜在公路旁。

飞碟不仅能将公路上行驶的汽车"举"到半空中，似乎还能将其吸附到飞碟近旁，并能以其产生的破坏性扭曲和旋转力使其他物体伴随其旋转或作螺旋式运动。

· 相关链接 ·

明尼苏达州：美国内地七州之一。北界加拿大的马尼托巴省和安大略省，东临苏必利尔湖，隔密西西比河与威斯康星州相望，南接艾奥瓦州，西邻南、北达科他州。美国大陆的极北点（北纬49度23分）就在该州，因此明尼苏达州的别称为北星之

☆ 从飞碟上投下的光束

州。面积21.9万平方千米，在50州内列第12位。首府为圣保罗。 座右铭是"北方之星"。

人体能感受到飞碟产生的这种力的作用。据德黑兰一名目击者供述，他曾与一个飞碟相遇，这飞碟像一块巨大的磁铁把他吸悬至半空中。在另一起事件中，目击者发现，一个飞碟乘员从飞碟的舷窗里向他挥手示意，让他远离飞碟不要靠近，可他的一肩却意外地碰到飞碟的前边缘。据他回忆，他的双手被一种巨大的拉力朝上拽向飞碟悬停的方向，后来又被一

下子抛了下来。事后，他的手虽能动弹，却深感被飞碟所伤。

飞碟的另一个明显特征是，在圆形飞碟的下方会形成奇特的圆柱状怪异带，产生过去尚未发现的一直向下延伸至地的作用力。观测性研究表明，飞碟产生的这些作用力对石头和干燥的木材不产生影响，而对相应的化学成分却能产生一定影响。雪和具有一定温度的树叶对飞碟的这些作用力的作用十分敏感。

为什么产生的这种力的作用方向总是向上，迄今仍是一个谜。不过，从中可得出一个结论：飞碟能够以某种方式抵消引力。

飞碟会在地球上还留下某种超自然性质的热力作用：草根被烧焦，但其地面暴露部分却未受损伤。美国空军实验室曾将放置在铁盘上的山菜加热到145℃，便产生这种效应。专门研究这一现象的专家得出结论，产生该效应的唯一机理是飞碟以其自身交变磁场使飞碟表面产生热感应效应。

在飞碟周围永远存在这种热效应现象。在法国，一名大客车司机和二十名乘客同时感受到这种热感应效应：当六个飞碟中的一个飞近这辆大客车时，坐在客车里的一名司机和二十名乘客的衣服全部起火燃烧。还有一个比利时园丁，当他靠近一个正在着陆的飞碟时，他衣服的某一部分

起火。在美国路易斯安那州，一个飞碟悬停在一辆大客车上方，它产生的热浪冲进大客车，引起车内起火，大客车毁于一旦。在另一起事件中，当一个悬停的飞碟离去后，附近水沟中的水蒸发殆尽，附近的花草树木甚至连土壤也全部枯干。这种使水分蒸发和植物干枯的热效应对飞碟产生的微波效应来说是很典型的，因为水分子完全有效地"吞噬"了微波能。草根被烧焦而地面叶子部分却完好无损的现象可完全用飞碟产生的微波辐射效应加以解释。还发现，当飞碟在柏油路着陆飞离后，路面沥青层起火燃烧，持续燃烧时间长达15分钟。据推断，这种形式的热效应是飞碟产生的甚高频电磁辐射所致。

利比亚一个农场主曾目击一个在公路上着陆的卵形飞碟，它的上部带有一个透明的圆顶形舱室，里面坐着六个身穿淡黄色连体服的类人生物。这个卵形飞碟着陆后，农场主凑上去触摸了它一下，立刻有一种电击感。这时，飞碟上的一名乘员向农场主发出离开这里的手势。然后，他发现，飞碟上的那些乘员摆弄某种仪器长达二十多分钟。

还有几个类似的例子，一个13岁男孩发现两个小飞碟着陆了，于是他跑到飞碟前触摸了一下飞碟上的天线，立刻有一种触电感。加拿大一名

地质学家发现一个飞碟，并对其观察长达30分钟，他发现这个飞碟的舱门敞开着。当飞碟着陆后，他靠近它，突然听到飞碟里有说话声，最初，他试图用英语同飞碟乘员对话，然后又改用其他语种同他们谈话。后来，当地质学家用戴着胶皮手套的手去触摸那个飞碟时，胶皮手套被烧焦了。飞碟离开后，他的手出现烧伤，但令人费解的是，没有任何迹象表明飞碟表面是热的，而且，任何一个接触过飞碟的人都没有毙命的危险。这说明，飞碟的电势并不太高，但目前还无法确知飞碟所带的电是直流电、交流电还是静电。

我们不难想象，频率为300至3000兆赫乃至更高频率的电磁辐射能便是引发下列现象的原因：

☆ 想象中人类飞机遭遇UFO

☆ UFO飞临地球

1．UFO周围的彩色光晕。

2．UFO表面能出现闪烁的亮白光等离子体。

3．出现不同气味。

4．罗盘指针强烈摆动，磁性里程骤变，甚至使金属路标震破。

5．对无线电和电视广播的接收产生感应和干扰。

6．使供电网中断。

7．使青草、细小树枝、小树丛枯萎，并使土壤干燥。

8．使一定深度的沥青公路变热，并使挥发性气体起火燃烧。

9．使人体内发热。

10．人有电击感，目击者出现暂时瘫痪。对人的听觉神经产生直接刺激，使人感到有嗡嗡声或浑身酸痛。

对UFO专业化程度最高的一次著名观测是1957年在美国空军的一架B—47战斗机上进行的。当时，这架飞机在墨西哥湾和美国中南部一些州的上空进行飞行训练，空中突然出现一个谷仓大小的飞碟，它发出一种均然的

☆ UFO穿越大气层

红色光晕，并以远远快于喷气式飞机的速度飞行着。

这个空中怪物曾多次变换飞行速度，并紧紧咬住这架B—47。这个怪物在飞行时似乎从空中的某一点猛然"跳跃"到另一点。对UFO的目测坐标定位是借助雷达在空中和地面同时进行的。这个飞碟放射出频率为2500兆赫的极强电磁辐射能。

装备有无线电子对抗仪的B—47战斗机从墨西哥湾上空飞行归来时，突然又在密西西比州的墨里迪恩市区上空遇见另一个UFO，它似乎以800千米/小时的速度跟B—47捉迷藏：它绕着飞机转起圈来。这个空中"不速之客"跟 B—47连续周旋了1.5小时，在此期间内B—47横越了整个密西西比州。飞机绕过福特—沃尔特军事基地，向北朝俄克拉荷马州方向返航，B—47在俄克拉荷马城地区摆脱了UFO后，便返回在美国福尔普斯的空军基地。至少有五种监测仪器和手段证实了 B—47战斗机同UFO相遇的事实：飞行在战斗机上的肉眼目测，机载雷达、两部装备有无线电子对抗仪的机载接收机和军用地面监测雷达。

在美国密西西比州墨里迪恩市区拦截到的UFO发出的信号具有以下特点：信号发射频率为2995至3000兆赫，脉冲宽度20微秒，脉冲复现频率600赫，自转速度4周/分钟，极性为垂上式。而无线电探向器未捕捉到这些信号，它只显示出该信号源的高速运动。尽管这个UFO能用复现脉冲低声频极窄微波波段发射大功率电磁辐射脉冲信号，但从飞机上便能测知该信号源所在的位置。

UFO的微波能辐射流是其动力系统重要的完整统一的要素。这种动力系统用我们目前尚不清楚的某种方法来减少引力和惯性力，甚至使这些人类无法征服的不利因素归零。该动力系统确保UFO能以超音速飞行，而且避免出现冲击波。

有一次，巴西的两名农场主突然听到一种奇怪的轰鸣声，抬头一看，原来有两个直径约三米的"铝制"飞盘一动不动地悬停在半空中。如果这种轰鸣声是UFO的微波能脉冲导致人头脑中出现的嗡嗡声(蜂音)，那么他们所受到的微波辐射效应远远超过人类所能接受的这一效应的极限，即0.333兆瓦/平方厘米。不太复杂的计算表明，这两个UFO距离两名巴西目击者200米远，其微波辐射能为1.6兆瓦。而对任何一个地方无线电广播电台来说，其发射功率都不会超过0.5兆瓦，而一台铁路柴油机的功率也仅为2000马力，其能量当量约为1.5兆瓦。在这一巴西UFO目击事件中，那两个UFO在凌空悬停时产生和释放出比目前发射功率最大的无线电视台的发射功率大数倍，或相当于铁路柴油机车功率的能量。

如上推论表明，UFO的动力系统是以我们目前尚不清楚的一种机械动力装置为基础的，该动力装置能从双效益角度减小或抵消UFO的质量效应。通过理论上的检验证明，UFO的性能同现行理论完全吻合，但似乎超出现代技术条件的水平极限。不过，精心组织和有充分资料保障的研究计划完全可以在不远的将来使人类取得相似的成就和进步并加以应用。人类每天获得的经验都在提示我们深信，地球引力是现实存在的。不过，引力场较自然界中存在的其他场还是极弱的场。征服引力场不应是一件很困难的事。

·知识外延·

UFO
未解之谜
UFO wei jie zhi mi

地球引力：引力是质量的固有本质之一。每一个物体必然与另一个物体互相吸引。尽管引力的本质还有待于确定，但人们早已觉察到了它的存在和作用。接近地球的物体，无一例外地被吸引朝向地球质量的中心，因为在地球表面上的任何物体，与地球本身的质量相比，实在是微不足道的。

在对靠电磁场征服引力的UFO的

观测中，我们碰到一个很大的理论难题：无论是在实验室还是在自然界中的任何地方，都没发现这种电磁场同引力场相互作用的表现形式，不过在学术界，很早就已对此提出许多猜测和推断：自然界中的各种场是以某种方式相互作用的。场之间的相互关系是统一场理论的"先驱"，该理论的提出使这方面的研究向前迈出举足轻重的几步。

为了阐述和研究引力场，那些有经验有价值的新资料越来越多，站在理论高度对其进行研究，无论在完善理论方面，还是在完善我们对UFO的认识方面，都会产生综合效益。

☆ 夜空中的UFO

汽车状UFO

当对飞碟和外星人还不了解时，你看到它们，最可能的感觉是"我看到鬼了"。但这个清朗的世界上，并没有"鬼"呀！

关于UFO，声称见过它们的目击者们大多数都认为它们是圆盘形的，但是在美国，有人却曾经看到过一个形状类似汽车的UFO。事情经过是这样的：

1964年4月24日，天色已暗的新墨西哥州索可罗镇有一辆黑色的雪佛兰汽车以极快的速度由北向南急驰。下午5时45分，当这辆车以明显超速的速度通过警察局时，被罗尼·查莫拉警员发现，他马上坐上巡逻车追了上去。

西哥的景致迷人，有红岩峭壁、有沙漠、有仙人掌等。这些景观的背后有着古老的文化，说着古老的历史。

雪佛兰轿车的速度一点也没有减慢的趋势，以领先巡逻车三个车身的距离向郊外直驶过去。过了五分钟左右，两辆车已经到了镇外。就在此时，查莫拉的耳际响起了震耳欲聋的声音，在他右前方一千米的天空中出现了明亮的火焰。查莫拉想到在那附

·相关链接·

新墨西哥州：新墨西哥州是美国西南部四州之一。北接科罗拉多州，西界亚利桑那州，东北邻俄克拉荷马州，东部和南部与得克萨斯州毗连，西南与墨西哥的奇瓦瓦州接壤。新墨

☆ 汽车遭遇UFO

☆ UFO投下的强光

近有一座火药库……该不会那座仓库爆炸了吧？查莫拉随即放弃追踪那部雪佛兰，而向着火药库急驰过去。巡逻车驶离了大马路，开进右边没有铺柏油的小径。因为火药库被丘陵挡着，所以无法肯定是否真爆炸了。

这条小路不仅崎岖难行，而且相当荒凉，查莫拉除了专心驾驶之外，一开始根本没有工夫看一下那些火焰。火焰的形状就像是个漏斗，顶部的面积是底部的两倍，长度有底部的两倍长。火焰几乎是静止不动的，一直在缓慢地下降着，而且没有冒烟。

此时查莫拉开始觉得有些不对劲了。如果是爆炸的话，不应该没有烟，而且火焰根本不动，这更不寻常了。此时，轰轰作响的音量已逐渐降低。要到可以看到火药库的地方，

就必须爬到丘陵顶上才行。由于坡度太陡，他试了三次才爬上去，但声音和火焰已经停止了。来到丘陵顶上之后，查莫拉一直保持警戒，朝前方慢慢开过去，因为他并不太清楚火药库的准确位置。

车的左边，即丘陵的南边是个下坡，下面是干河床。前进了十秒左右，他就看到有个发光体在河床上，散发着冷冷的光泽，距离他大约250米，由车上看过去，很像一部后车厢竖起来的车子。他以为是有人在恶作剧，但马上他就注意到在那辆"车"的旁边有两个白色的人影。

那两个人身材瘦小，看起来像侏儒，全身穿着白色的衣服。就在查莫拉看到他们的同时，其中一个也回头看到了他的车子，对方很明显也吓了

☆ UFO开火

一跳。

查莫拉以为他们两人发生交通事故了，所以马上开车过去。当时他还没有仔细看那两个人，但发光体的样子却跟先前的印象不太一样，它是跟地面垂直的卵型，底部有好几只脚支撑着。

查莫拉一边开下急坡，一边跟索可罗警署联络。"索可罗2号呼叫索可罗警署，火药库附近似乎发生了交通事故，我现在要过去调查。"前进了数十米，当他停车时，那两个人已经不见了。查莫拉下了车朝卵体物走过去，这时听到了两三声像是大声关门的声音，每次声音的间隔是一至二秒。

到了距卵体物约30米的时候，突然响起了轰隆隆的声音，跟在追赶超速车时所听到的声音一样。声音由低到高，最后高到像是要震破耳膜一样。就在声响发出的同时，查莫拉看到卵体物的下方喷出了火焰。火焰中间部分宽约120厘米，是橙色的，没有烟，而火焰碰到地面的地方却扬起尘沙。

听到巨响又看到火焰，查莫拉以为卵体物大概快爆炸了，连忙跑开，只是跑的时候仍一直看着那个东西。卵体物的表面看起来滑溜溜的，很像金属，没有窗户或门。在它的中央部分，有一个很大的红色的图形。那是一个半圆形，圆弧朝上，在下面有一

☆ 外星人

条水平线。这图形的长宽约60至70厘米。查莫拉一面看着物体，一面跌跌撞撞地去开车。在慌乱之间也来不及捡起掉落的眼镜，没命似的向北急驶而去。过了五秒左右，他才回头看，只见那个物体已经上升到离地面三至四米的高度了，差不多跟车的高度一样。

查莫拉把车开下丘陵的另一面时，轰鸣声忽然停止了。只听到"咻"的一声，随后便没了声息。查莫拉停下车，朝卵体物的方向望去。

卵体物此时已平放过来，在离地四五米的高度以极快的速度往西南方飞去。它经过仓库(高2.5米)时是绕过去的，而且此刻它已不再喷出

火焰了。

于是，查莫拉把车开回来捡眼镜，眼睛一直盯着那卵体物，并且用无线电跟署里联络。而卵体物越来越高，也越来越远，最后终于飞过山头消失不见了。这卵体物在他面前发出响声和喷出火焰，直到消失在山后，只不过数十秒的时间而已，但对查莫拉来说，经历这种恐怖又超出常识范围的不寻常事件，就好像已经过了好长的一段时间一样。接到交通事故报告的却贝斯警官很快赶过来了。当他看到查莫拉面无人色的脸孔时吓了一跳。

"到底出了什么事？怎么你好像看到鬼一样？"

"长官，我可能真的看到鬼了！"
查莫拉有气无力地说道。

查莫拉概略地说了事情的经过，却贝斯感到很困惑。他不很相信这个一直深受信赖的部下所说的"看到UFO"或是"看到两个外星人"。但却贝斯也不认为查莫拉是在说谎，因为他慌张惊惧的表情是很不寻常的。

就在半信半疑之下，却贝斯跟着查莫拉来到了UFO降落的地点。在那里，他们发现了好几个新痕迹，这证明刚才真的发生了某些事情。

干河床原本是一片草原，可是在卵体物着陆的地方却有一个圆形的烧焦的痕迹，特别是UFO正下方中央部位的草还冒着烟。而且UFO着陆时支撑用的脚，也在地面上留下了清楚的痕迹。

着陆时的压痕一共有四个，呈长椭圆形排列，深8至10厘米，宽30至50厘米，是U字形的，地面的土壤被压成了硬块。另外，在离压痕不远的地方，有四个直径10厘米左右的圆形浅凹洞。却贝斯查看后，越来越相信查莫拉所说的了。因为这些痕迹并不像是偶然或自然形成的。当查莫拉指着小圆孔说"这是外星人的脚印"时，他连摇头否定的自信也没有。这事件还有其他的目击者。后来有三份报告都说，在相同时间、相同地方，看到了查莫拉追踪黑色雪佛兰时所看到的青光。

·知识外延·

无线电：无线电技术是通过无线电波传播信号的技术。无线电技术的原理是，导体中电流强弱的改变会产生无线电波。利用这一现象，通过调制可将信息加载于无线电波之上。当电波通过空间传播到达收信端时，电波引起的电磁场变化会在导体中产生电流。通过解调将通过电流变化表达的信息提取出来，就达到了信息传递的目的。

UFO的隐形术

印度科学家的所谓发现，还只是一种假设和推理。如果能够揭开UFO隐形的秘密，那就说明我们人类已经大大进步了。但是现在看来我们人类的自身力量还不够，还要像印度科学家说的那样，借助于猫或狗的力量。

印度科学家宣称已经发现UFO环绕在地球周围，但却不被人类肉眼和雷达发现的秘密。那是因为UFO可能采用了一种高级隐形技术。印度国防研究和发展机构的工程师们正在对一个神奇设备进行实验，一旦实验成功，该设备就能像"天眼"一般，让UFO无处遁形。

科学家们认为，电磁流隐形技术正是UFO不被人类肉眼发现的秘诀，然而一些动物却能够感觉到电磁流能量的层变化。印度科学家怀疑，狗和猫或许能够感知到UFO的存在，但它们却无法表达看到的一切。

印度科学家宣称，他们发明的一种可以穿透电磁流的设备将会让UFO无所遁形。印度科学家称，当一架UFO进入地球大气层时将不得不从超常的宇宙飞行速度转变为超音速或音速，以便适应地球电磁场和重力的影响。为了避免电磁冲突，UFO上的人造电磁流将可能短暂地关闭一会儿。当UFO的速度调整到适合地球大气层中飞行的时候，人造电磁流将再度启动，使它再次达到隐形的效果。这一现象或许能够解释为何许多国家的空军飞行员驾机追踪UFO时，UFO物会突然在眼前消失。

· 相关链接 ·

雷达：雷达所起的作用和眼睛、耳朵相似，当然，它不再是大自然的杰作，同时，它的信息载体是无线电波。事实上，不论是可见光还是无线电波，在本质上是同一种东西，都是电磁波。差别在于它们各自的频率和波长不同。雷达设备的发射机通过天线把电磁波能量射向空间某一方向，处在此方向上的物体反射碰到的电磁波。雷达天线接收此反射波，送至接收设备进行处理，提取有关该物体的某些信息(目标物体至雷达的距离、距离变化率或径向速度、方位、高度等)。

·知识外延·

超音速:声音在15℃的空气中的速度是340米/秒,大约是1224千米/小时。超音速是指速度比340米/秒大的状态,小于340米/秒的速度称作亚音速,等于340米/秒的速度为穿音速。声音的速度会因为气温的不同或气压的不同而有所不同。音速的单位叫马赫,一倍音速叫1马赫,2倍就叫2马赫。

☆ 公路上空的UFO

从天而降的火球

天空中出现火球已不多见，而这种火球更是罕见，也许目前仅此一例。该火球不仅能上下飞行，更能与地面平行飞行。火球的金属结构构成，是目前在地球上无论如何也找不到相应的生产工艺可以加工出来的。这就奇怪了：它究竟是来自哪里呢？

事件发生在1986年2月23日晚，在苏联达利涅戈尔斯克市郊，有两个班的中学生正在辅导员伊万诺芙娜老师的带领下在当地一个少先队之家进行天文观测。大家围在一架自制的天文望远镜的周围，轮流观看夜空中的星斗。突然，一个叫尤拉的学生惊叫起来："快看！天上飞过来个火球。"这时，伊万诺芙娜老师看了一眼飞过来的火球，又看了一下手表：当时正好是19点55分。

尤拉的惊叫声还没落下，大家早已把目光投向天空：只见一个直径约三米的火球从师生们的头顶一掠而过。大家惊异地发现，这个火球呈圆球状，既没有突出部分，也没有凹陷，红得恰似一轮初升的红日。令人迷惑不解的是：火球从天而降的路径并非垂直于地面或与地面有一定倾角，一开始它就从该城的西南方向飞

来，飞行时平行于地面，然后缓慢地上升，后来又降低飞行高度向北运动了六次，沿地平线连续飞行长达一小时。火球在接近"611高地"之前向上来了个仰飞，然后一头撞到悬崖上。

更奇怪的是，在现场亲眼目睹

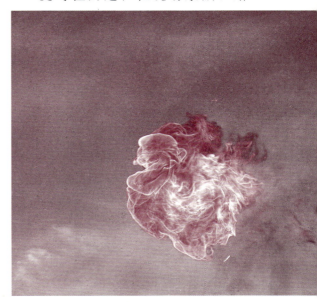

☆ 莫名其妙燃烧的火焰

这一奇观的师生们都以为在火球撞上悬崖的一瞬间，肯定会发生一场大爆炸，但出人意料的是，火球陨落到岩石上的一瞬间，只听到微弱而低沉的撞击声，悬崖上受撞击的岩石迅速发光，其光亮度跟电焊时产生的弧光差不多。

事发后，科学家们奔赴火球陨落现场，进行了两昼夜的调查，并对这一事件提出种种假说和推断。有人认为，这是自然界中发生的一次极为罕见的球状闪电现象；还有人认为，它是一颗年久老化的人造卫星，偏离运行轨道后掉入大气层，烧毁坠落到地上。一些权威学者却倾向于这样一种观点：天降的火球很可能是外星人向地球发射的一个探测装置，它失控后掉到地上。历史上曾有过类似天降火球的史实：1873年6月的一天，奥地利、匈牙利和波兰的天文学家同时观测到从火星向地球方向射来的一颗"火弹"，它在地球的外大气层中爆炸了。

几年来，科学家们围绕着"天降火球究竟是何物"的问题展开争论，真是众说纷纭，莫衷一是，故此谜久悬未揭。前不久，超自然现象研究会的专家们与各国知名学者合作，重回611高地再度深入细致地进行调查和研究。科学家们在火球陨落现场除发现被火摔碎的许多岩石碎块外，还发现了几种奇特的残留物——令人费解的小铅粒、离奇古怪的小铁珠、变幻莫测的泡孔物……

·相关链接·

超自然现象：可以理解为超越现代自然科学常规和可知性范围的一种极端现象，或者说，超越了当代自然科学知识的极限而被认为不可能产生或无法解释的现象。超自然通常指超自然力量或者超自然现象，即在自然界无法见到同时无法用通常手段证实的力量或现象。一旦超自然能够被证实或解释，它就不再是超自然了。超自然超出科学的范畴，因为科学的研究对象必须是可证实的测量以及通过同行评审。

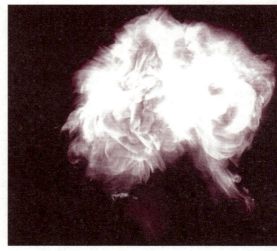

☆ 黑暗中的"火弹"

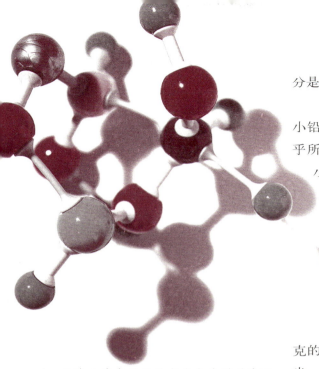

☆ 天降火球中的化学成分成为科学家研究的焦点之一

科学家们在火球陨落现场共发现总重约70克的散落的铅合金球粒，其直径最小的为0.5毫米，大的可达6毫米。在发现的这些铅粒中，有四颗铅粒呈边缘锋利的不规则六边形，重量最大的约2克，看上去是些熔化过的金属，其形状与结晶铅毫无共同之处。大部分铅粒呈水珠状，这说明，铅粒是在地球上空一定高度熔化后散落下来的。

铅粒的成分比较复杂，许多铅粒是纯金属铅，而有些铅粒的主要成分却不是铅，并含有大量杂质，而另一些小铅粒中则含有8至17种元素，这些元素中有铯、钮、钨和稀土元素镨、镧……甚至还有钇元素，而大部分成分是碱金属元素——钠和钾。

科学家们通过电子显微镜对这些小铅粒的内部结构进行观察发现，几乎所有的小铅粒都具有通向其内部的小孔，这些小孔可能是人工机械加工而成的，又像是从飞行器的发动机中喷出来的，总之，铅粒内部的小孔很可能是由于其内部沸腾的金属发生一种"爆炸"后外表迅速冷却形成的。

此外，在现场还发现总重约30克的离奇古怪的小铁珠，直径2至6毫米。绝大多数小铁珠也呈水珠状。科学家们通过进一步地研究确认，这些小铁珠并非普通工具所能制造出来的，其硬度相当大。最初，科学家们试图用普通工具将小铁珠砸碎，以便进行化验分析，但未能成功。于是，又用钻头去钻，也没钻动。后来，又改用锉刀对其加工，还是不行。最后，用最坚硬的金刚石刀具，费了好大劲儿才对其进行了强行加工。研究证明，这些小铁珠特别坚固，其强度简直令人难以置信。

科学家们采用当时世界上最先进的日本X射线显微析仪，对小铁珠的化学成分进行了化验分析。结果表明，小铁珠的构成非同一般，化学成分极为复杂，它是由稀土元素的多种合金构成的。构成小铁珠的第一组成分是

☆ 化学元素模型

铁与合金元素铝、锰、镍、铬组成的化合物，第二组成分是铁与合金元素钨和钴组成的化合物。此外，在小铁珠的金属成分中还发现有镁、铁、镧、镨、钕和铈。

在显微镜下对小铁珠的细微观察发现，它在结构上很像生铁，铁和镍这两种元素以独特方式立体分布在合金结构中。此外，在现场还发现一块总重850毫克的凝聚物，它是由四块烧焦的物质构成的。

在火球陨落现场发现的第三种物质就是一种变幻莫测的泡孔物。这种物质充满各种各样类似海绵的小孔，故得此名。这是一种黑色发脆的类似玻璃的物质。这种泡孔物使研究它的许多科学家困惑，甚至使科学家们的研究走进死胡同。科学家们惊叹道："这究竟是何物？眼下实在令人费解。它像碳素玻璃，但生成条件却尚不确知，它有可能是在普通火灾中生成的，但也有可能是在超高温条件下加工的产物。"考虑到空气中的碳与孤立存在的金属原子化合的可能性，这种泡孔物在一种材料中具有一系列重要性能。科学家们对其进行实验的结果表明，泡孔物经过液态氮的"沐浴"后会被拉向磁铁一方，即表现出同玻璃陨石相类似的超顺磁特性，在常态下能生成绝缘体，稍一加热便可生成半导体，若在真空中加热则生成导体。在显微镜下观察，泡孔物的外表根本不发生变化，而且既不熔化，也不气化，即使在高浓度强酸中也不溶解。奇怪的是，这种泡孔物在真空中虽能耐受住3000℃高温，但在空气中，温度一旦达到900℃时，它会立刻燃烧起来。它还含有金、银、镍、镧、镨、钠、钾、锌、铜、钇等元素。

最令人费解的是，对泡孔物进行真空加热后，它内部原先所含的金、银和镍元素不仅突然不翼而飞，而且会神奇般的出现原先所没有的钼元素。要知道，化验分析时，泡孔物中的小孔十分纯净。这后来出现的钼元素又是从哪儿来的呢？

科学家们认为，火球在近地空间的行踪如此离奇古怪，无论它是自然天体还是人造天体都是令人难以置信的。亲眼目睹这一奇观的中学生们对火球飞行和陨落全过程的观察结果曾一度被认为是肉眼观测有误。可是，当科学家们进行实地考察和研究后，学生们的目击报告却被科学家们的实验结果所证实：火球撞击到悬崖上后，它曾试图起飞离开那里，实际上，它缓慢地向空中升浮了一下后才一头坠落到悬崖上。

科学家们通过研究确认，合金只有通过高级智能生物的人工控制并借助特殊的专门工艺技术才能制造出来。因此，关于"611高地火球陨落物来源于天然"的种种假说均被举世公认的物理学和化学定律所推翻。如流传关于"该陨落物的来源是等离子粒

☆ 小铁球中的化学成分非常复杂

团，即能从空气中吸积各种金属的等离子粒团和球状闪电的凝聚物"的推断，也成了不切实际的荒诞之谈。更令人置疑的是，等离子粒团怎可能瞬间从空气中吸积约100克(70克铅和30克铁)金属。大量的检测、实验和研究结果表明，"天降火球"的金属遗物是用近似于美国生产合金的那种工艺技术制造出来的特种合金。

科学家们借助电脑得到的计算结果表明，要在火球飞行10千米的距离内聚积等离子体凝聚物和数量如此之大的金属，空气中的金属浓度，即空气中铅和铁的浓度，必须超过极限值的4000倍，即空气中的金属浓度必须像稠密的大雾一样才能办得到。冶金专家们认为，如此高的金属浓度即便冶炼炉内的空气也不可能达到，在达利涅戈尔斯克的空气要达到这一金属浓度就更不可思议了。

611高地火球陨落物中的特种合金究竟属于目前世界上哪一种金属结构或合金，科学家们不确知，而且很难预推制造这种合金可能采用的工艺方法以及它们的名称及其物理性状和化学性能。不过，科学家们对天降火球的研究结果，彻底推翻了关于"火球是球状闪电、线状闪电、人造卫星、运载火箭、日本探空仪的残骸"等种种假说和推断。

科学家们认为，天降火球可能是

在611高地遇难的一个UFO的残片，它根本不是什么转瞬即逝和虚无缥缈的UFO现象，更不是臆想或幻觉的产物，而是留下了实实在在的物证。它还可能是地球外高级智能生物为了研究和监视我们地球人类而向大气层施放的一个遥控探测装置，他们的科学技术要比我们先进和发达得多。

· 知识外延 ·

陨石：陨石是人类直接认识太阳系各星体珍贵稀有的实物标本，极具收藏价值。陨石多半带有地球上没有或不常见的矿物组合，以及经过大气层时高速燃烧的痕迹。至于太空人登上外星球如月球所带回来的则不叫陨石，而会称为月球矿石。据加拿大科学家10年的观测，每年降落到地球上的陨石有二十多吨，大概有两万多块。由于多数陨石落在海洋、荒草、森林和山地等人迹罕至地区，被人发现并收集的陨石每年只有几十块，数量极少。它大多由天而落，形状不一。

☆ 天降火球留下的高温凝聚物

神秘的水下飞碟

"怪影"潜艇早在1905年就出现了，以后又多次出现，搞得东西方关系颇为紧张。看来在人类现有的军事力量之外，还有一种我们尚未认知的军事力量，而且其武器装备的性能远远超过我们人类。

早在二次大战末期，战火未息，德军占领区仍旧硝烟弥漫。德国纳粹头目还未来得及逃往阿根廷和叙利亚去躲避应得的惩罚，通讯社就已报道过世界各地曾出现来历不明的"怪影"潜艇的消息。美国海军曾动用潜艇仔细搜寻，特别是对太平洋水域。可是，各种搜寻都毫无结果。最初，有人推断，德国潜艇就像"孤狼"，在世界各大洋水域四处流窜。但这种推断很缺乏逻辑——因为潜艇是需要补充柴油燃料的，还需要补充可供60名潜艇乘员用的食品，当然还需要许多其他补给品。再者，已覆灭的纳粹德国的潜艇不可能在浩瀚的海洋中长期续航。对"怪影"潜艇的发现往往是杂乱无章和偶然的，但也是经常性的。20世纪40年代，在太平洋水域常发现这种"怪影"潜艇。道格拉斯·马卡杜尔将军也获得过有关这方面的情报；他退役后，在答记者问和发表的谈话中，经常表明他的立场是：不容许任何侵犯国家利益的敌对事物存在。1958年，在国际地球物理年会上，海洋考察船的研究人员通报了发现一些巨大不明潜水物的消息。这些不明潜水物在大洋中横冲直撞，以令人难以置信的速度运动，并能在望尘莫及的深度上潜航。有些不明潜水物还在洋底留下类似军用坦克履带的痕迹。

·相关链接·

潜艇：潜艇是一既能在水面航行又能潜入水中某一深度进行机动作战的舰艇，也称潜水艇，是海军的主要舰种之一。潜艇在战斗中的主要作用是：对陆上战略目标实施核袭击，摧毁敌方军事、政治、经济中心；消灭运输舰船，破坏敌方海上交通线；攻击大中型水面舰艇和潜艇；执行布

☆ "怪影"潜艇

雷、侦察、救援任务和遣送特种人员
登陆等。

20世纪60年代，在从澳大利亚到
阿根廷的广阔水域里曾多次发现不明
潜水物，它们有时整体亮相，有时只
暴露出"指挥台"和"潜望镜"。海
军艇员通过声呐和其他检测仪测定出
它们的位置。后来，这些不明潜水物
又开始在遥远的斯堪的纳维亚峡湾也
就是瑞典和挪威的沿海一带出没，而
且当时国际局势十分紧张。

1987年12月，美国洛杉矶周刊
《丛刊大观》发表了题为《阴险的
"小东西"又回来了》的文章。文章
讲的是关于苏联小型潜艇的事。一些
研究人员的手中掌握了来自南非、联

邦德国和美国的资料。他们仔细研究
了全部资料后，倾向于西方研究人员
关于"不明潜水物是苏联潜艇"的说
法，因为当时的苏联潜艇是按照二次
大战中海军小型潜艇的样式制造的，
而且苏联潜艇潜入过世界各国的港
口。从1964年起，这些神秘潜艇就已
侵入斯塔的纳维亚水域，尽管有消息
报道过更早发生的这类事件。

美国研究人员仲·基勒所掌握
的资料否认了这一说法——斯堪的纳
维亚的不速之客并不是苏联的小型
潜艇。1985年底，在巴西领海的海底
又发现那种令人迷惑不解的"履带痕
迹"，而且这些履带痕迹跟当时在美
国旧金山附近海底发现的履带痕迹一
模一样。两年后，研究人员收集了关
于苏联小型潜艇的资料，发现西方军
界对苏联小型潜艇还知之甚少。研究
人员根据二次大战期间的资料来评估
不明潜水物是苏联小型潜艇的可能
性。当时的小型潜水器有三种：车式
潜水器，有人驾驶式鱼雷形潜水器和
小型独立式潜艇。据说，20世纪80年
代，这类潜艇上装有一种鼻首式开路
装置，它能在海底做搜索式航行。

研究人员并非完全否认前一种说
法，他们同时引证了美国研究特异
现象、严谨而精明强干的专家基勒
的资料。

早自1930年起，在不明潜水物出

UFO
未
解
之谜

UFO wei jie zhi mi

现之前，有关不明飞行物的报道就已震撼北极地区。在瑞典和挪威僻远的乡村，村民们曾发现过一些来历不明的神奇飞机在极恶劣的天气里低空盘旋。报界把这些不明飞行物称作"幽灵鸟"。报界总是指责莫斯科说，布尔什维克在玩鬼把戏，但是，就连苏联军界也发现过这种不明飞行物。军界人士对这种无法解释的现象恐慌不安，因此，苏联的一个空军部队被调到科拉半岛。据说，1934年，苏联各加盟共和国的军用飞机都被调到科拉半岛，试图截擒这些"不速之客"。就在那些年间，在远东地方的封冻水域也曾发现过一些神秘的不明潜水物，它们像不明飞行物"幽灵鸟"一

样，能轻而易举地逃避追踪。

1972年，那些"幽灵鸟"又飞回来了。这次，它们看上去像是一些没有任何识别标志的黑色直升机，在峡湾上空盘旋。1972年秋，挪威海军确信，至少有一个不明潜水物中了他们的埋伏。事件发生在挪威境内的松恩峡湾水域。挪威海军在这里投下几颗深水炸弹，为的是将这些不明潜水物驱逐出水面。当时的所有欧洲人都从各大报纸上看到过有关的报道。海军连续忙乎了几天驱赶不明潜水物。就在这时，不知从何处又钻出一些神秘的不明飞行物，它们在挪威海军上空盘旋，突然，挪威军舰上的所有电子装置都同时发生故障。其实，不明潜水物早已从峡湾中逃之夭夭了。挪威政府就因这一事件差点儿倒阁。

瑞典和挪威政府确认，在他们的领海里胡作非为的并非别人，正是苏联潜艇。可是，有些东西就连苏联人也不清楚。莫斯科曾一度收到一份份义正词严的警告性照会。莫斯科对此全盘否认。可是，每年发生的类似事件与日俱增，平均年发案次数为12至20起。一些不明飞行物还侵犯了斯堪的纳维亚空域。当时，苏联和瑞典的关系极为紧张。1976年，基勒亲眼目睹了这一场面：瑞典和挪威的歼击机在领海上空盘旋侦察，它们好不容易搜寻到几艘潜艇。斯堪的纳维亚海军

☆ 潜水器

☆ 潜水艇

在"怪影"潜艇经常出没的战略要地施放了水雷。可后来,这些水雷却不翼而飞……

此外,海军也曾向一些"怪影"潜艇发射了技术上无与伦比的最现代化的"杀手"鱼雷。但出乎意料的是,这些命中率极高的反潜鱼雷不仅没爆炸,反而消失得踪影皆无……从那以后,一些委员会举行的国际性会议再也不把苏联人同这些事件牵连到一起了,而苏联也从未承认这些是他们干的。莫斯科确认,这些事实是故意歪曲的,关于"苏联破坏和侵犯斯堪的纳维亚国家领海"的传闻更是蓄意捏造的。

鱼雷:鱼雷是一种水中兵器。它可从舰艇、飞机上发射,发射后可自己控制航行方向和深度,遇到舰船,只要一接触就可以爆炸。用于攻击敌方水面舰船和潜艇,也可以用于封锁港口和狭窄水道。

1981年10月27日,一艘无识别标志的潜艇在距离对瑞典海军毫无战略意义的两个军事基地约26千米处的鲁姆斯卡尔搁浅。这艘潜艇是苏联"乌伊斯基"型潜艇,艇长申辩说:"潜艇导航仪出了点怪毛病,从而让我在计算上犯了个大错误,我本打算在丹麦附近海域停泊。"这一事件引起世界新闻界的瞩目。事实上,苏联船只的当场落网,不明潜水物之谜就算暂

☆ 核潜艇

时被揭开了。可是，当不明潜水物又在斯堪的纳维亚水域复现时，莫斯科又发表声明：这些潜艇不是苏联的。

基勒曾宣布：1985年，苏联政府曾公布一个案发目录表，上面列出了发生在苏联领海内的九十多起不明潜水物事件的目击报告。瑞典军界开始认为，某种"第三势力"或某一个帮派集团要对这些神秘事件负责。从那以后，莫斯科便很少受到指责了。1992年苏联解体，强大威严的"苏联海军"也随之分化，军舰和潜艇被封存。这样一来，苏联海军还能再去瑞典水域吗？1992年2月19日，瑞典武装部队总指挥宾特·古斯塔弗逊举行记者招待会宣布：不愉快的事件将一去不复返，俄罗斯首脑很快会将苏联的秘密专案文件公诸于众。事实上，这段历史可能就此结束。

后来又发生了什么？1992年夏，发生不明潜水物事件的报告像往日一样有增无减。

一次，一艘"怪影"潜艇竟然在光天化日之下，在瑞典海军举行的一次军事演习上公开露面。不明潜水物和不明飞行物又开始令人烦恼地入侵

斯堪的纳维亚的海域和空域。俄罗斯政府仔细审查了所有专案文件，没找到任何关于苏联潜艇进入斯堪的纳维亚海域的消息和报告。再说，俄罗斯没有任何理由渗透到那么远的峡湾。

此文结束时想补充一句话让大家深思：有关"怪影"潜艇的报告早在1905年就已经有了……

☆ 潜水器

穿透冰洞的UFO

科尔普湖留下了太多的谜团：穿透冰洞的巨大力量是哪里来的？黑色颗粒的合金究竟是什么？大土坑为什么尺寸如此规整而土坑的残土又找不到？"绿宝石"冰块是从哪里来的？十几年后土坑里为什么会长出茂密的小树，而周围却连一棵小草都没有？这些真是令人费解啊！

个叫费·勃洛茨基的苏联护林员亲口讲述了他的一段非凡经历。1961年4月27日晚9时，他路经科尔普湖岸，在离那里七千米的一个护林站住了一夜，次日凌晨他踏上归途，再次路经前一天经过的那条湖岸时，突然发现湖岸旁新出现一个大深坑，前一天晚上他经过这里时这个坑还没出现。这突如其来的大土坑长27米、宽15米、深3米。须知，要在一夜之间挖出如此大的土坑，必须有六台大马力挖掘机连续作业一昼夜。这个大土坑的底部几乎与湖水毗邻，像是用一种巨大而相当沉重的奇特工具瞬间挖出来的，因为大土坑底部的泥土十分坚实而光滑，似乎有一个强大有力的金属器物从坑底通过。再往前走还发现一个与土坑形状相似的冰洞。

负责调查这一事件的军事专家组组长阿·卡拜金少校认为，好像有一

☆ 海底冰洞

种巨大的平底铁犁从这里犁过，然后就形成了这个宽15米的沟堑。穿透湖冰的那个冰洞似乎是这个大土坑的延续。通常，在这种情况下，被弄碎的大块湖冰应浮在水面，可这里的水面只有极少的小冰碴，而冰洞周围的湖冰都完好无损。那么，其余的大冰块哪里去了？

令人困惑不解的是，在大土坑的周围连一点"挖"坑时留下的散土痕迹也找不到。要掘出这样的大土坑至少得有一千立方米散土。

于是，潜水员潜入湖底准备对大土坑的底部进行考察和研究。最初，专家们估计，这可能是采用纵向爆破技术形成的大土坑，便千方百计地寻找其留下的痕迹和证据，哪怕在坑沿上能找到被烧焦的野草或爆破时散落的泥土也可以作为证据。但令人费解的是，这一寻找却一无所获，连一点儿类似的物证也没发现——既没找到一棵烧焦的野草，也没找到一点儿散落的泥土。

后来，专家们又来到湖面上考察。他们发现水面上漂浮着一团团灰色泡沫，再仔细一看，这些泡沫中还有一些黑颗粒，这些黑颗粒像是被火烧过一样，很脆，它们似乎是空心的，用手指轻捏就能将其碾碎。后来，专家们在湖面漂浮的冰碴中还发现另一种叫人琢磨不透的纤维物质。这种物质被送到圣彼得堡工学院进行研究。对其进行化学分析发现，这种纤维状物质中含有镁、铝、钙、钡和钛。

研究人员对这些黑颗粒进行的显微镜分析和研究表明，它们具有金属光泽和结晶的金属结构，而且不溶解于任何一种酸。因此，专家们得出一个结论：这些黑颗粒是无机来源，看来不是自然形成的，它们只有在一种高温条件下才能生成。

在专家们发现这些黑颗粒之前，潜水员浮上水面报告说："在冰洞下方的湖底一层散落的泥土下方还发现一些碎冰块。"看来，这一大土坑的形成过程之快犹如闪电，乃至被压入泥土中的冰块还未来得及浮上水面就沉入湖底，所以，在湖面上丝毫找不到散落的泥土和冰块的痕迹。此外，潜水员在湖底考察时，还发现一条20米长的不明辙迹，在这条辙迹的边缘形成一条高1.5米的圆棱状土隆凸，它好像是一种管状物沿湖底运动时留下的。湖面冰洞范围以外的湖底仍完好如初。

☆ 静谧的湖水难道真的藏着什么秘密

潜水员在湖底考察时，还发现一块微小的片状物，它厚1毫米，长20毫米，宽5毫米。研究人员对这一片状物所进行的光谱分析和化学分析表明，它由铁和硅构成，但尚未发现它具有较强的放射性。

·相关链接·

光谱分析：根据物质的光谱来鉴别物质及确定它的化学组成和相对含量的方法。其优点是灵敏、迅速。历史上曾通过光谱分析发现了许多新元素，如铷，铯，氦等。根据分析原理，光谱分析可分为发射光谱分析与吸收光谱分析二种；根据被测成分的形态，可分为原子光谱分析与分子光谱分析。光谱分析的被测成分是原子的称为原子光谱，被测成分是分子的

则称为分子光谱。

当潜水员浮上水面时，偶然碰翻了一块浮冰块，这一被弄翻的浮冰块却使在场的全体考察人员大吃一惊：他们发现这块30厘米厚的浮冰的下半部分呈鲜艳的绿宝石色。接着，研究人员又连续翻开几块浮冰，结果它们的下半部分都呈鲜艳的绿宝石色。可是，湖面其他地方的冰块却都不是这种颜色。

于是，研究人员把几块"绿宝石"冰块运到圣彼得堡一个实验室进行研究。专家们对其进行化验和分析后得出结论：这些融化的"绿宝石"冰水中所含的成分无法解释它们为什么具有这种绿色。

然而，这还并非未解之谜的全部。潜水员确认，散落到湖底的泥土

UFO未解之谜

UFO wei jie zhi mi

☆ 人迹罕至的地方往往也是不明飞行物喜欢出没的地方

量远远少于挖成此坑应有的土方量。无论在大土坑周围还是在冰洞周围，都连一点儿泥土也没发现，那么，从坑里取出的绝大部分泥土都哪里去了？难道不翼而飞了吗？

另据护林员费·勃洛茨基介绍，那天早晨，当他亲眼看到这个神奇的大土坑并着手进行调查时，离这里三千米远的邻村居民在这方面向他提供了许多佐证：那天早晨约8时许，一个圆球以极低的高度贴近地面飞行，然后不知怎么又来了个俯冲飞行和急转弯。顷刻间，目击者们听到一声撞击地面的声音，奇怪的是，这个神奇的物体并未被撞毁，它又以极低的高度继续飞行，既不改变飞行方向，又不改变飞行速度，一会儿便消失了。这个不明飞行物的大小跟一些大型飞机差不多，飞行时无声无息，当它俯冲和急转弯时却能清清楚楚听到它撞击地面泥土时发出的碰撞声。

又据另外25名目击者介绍，这个撞击地面泥土的飞碟呈蓝绿色，飞行时曾出现从一侧轻轻摆向另一侧的姿态。

当然，以唯物主义为基础的官方科学是无法接受一系列具有神秘色彩的解释的，于是，便开始提出与地球本身有关的一系列假说和推断：是陨星、闪电，还是溶解陷穴现象？

不过，类似假说和推断无一得到证实。然而，圣彼得堡大学的学者根据大土坑所处地理位置及其他因素，颇有说服力地驳倒了上述推断和假说。即使置此次事件众多目击者的报告于不顾，忘记了地球上"被窃"的一块土地，并认为潜水员搞错了，无论用哪种塌陷现象和闪电现象也都无法对湖底留下的奇怪辙迹作出解释。

·知识外延·

圣彼得堡：位于俄罗斯西北部，波罗的海沿岸，是列宁格勒州的首府，也是仅次于莫斯科的俄国第二大城市。中央直辖市。面积570平方千米，人口494万。1712年成为俄国的首都。1914年改名为彼得格勒，1924年改名为列宁格勒，1991年恢复原名圣彼得堡。

大土坑是陨石留下的推断遭到圣彼得堡天文学家的驳斥。为此，专家们又重返出事地点进行第二次考察和研究，终于得出无可置疑的结论：这个撞击地面的不明飞行物不可能是陨石，其理由是：第一，假如是坠落的陨石，它陨落后必然在地上留下陨石坑，这个长宽高尺寸规整的长方形沟堑无论如何也不能说成是陨石坑吧，而且，其形成角度更加排除了与陨石有关的可能；第二，陨石坠落后在地上形成的陨石坑约是其陨石大小的二至五倍，甚至连一千克重的陨石对天文学家来说都是一次重大事件。假定这个大土坑是陨石坠落后形成的，那么在现代化观测技术和手段十分发达和完善的今天，怎么可能连如此之大的陨石陨落都发现不了呢？然而，科学家对那个大土坑的多次仔细考察和研究证明，那里丝毫没有陨石陨落后留下的熔化痕迹。况且，陨石陨落时，绝对应产生易辨的视听效应。然而，发生这次事件时，目击者们却丝毫没有听见陨石陨落时产生的那种视听效应。因此，对这一事件彻底排除了陨石的可能性。

还有人推断，这是美国制造的一种专门用于超低空飞行的间谍飞机，由于它超低空飞行，所以不能被雷达发现。然而，这一推断更引来人们的嘲笑，因为航空专家认为，到目前为止，地球上还没有这样先进的飞行器——能以如此神奇的巨大力量"轰"地一下撞到冻土地上，然后还能继续飞行，而且任何部件都完好无损。

那么，究竟是什么东西造成了大土坑呢？俄罗斯著名超自然现象专家弗·基泽尔认为，这是一个来自地外的探测器，它完成正常考察——采集完地球土样后便悄然离去。

后来，又有支考察队先后考察了这个大土坑。在1979年的一次考察中，研究人员对这个地方进行了磁强测定等考察，但毫无新结果。考察队员们唯一的新发现是，那个大土坑里竟长出繁茂的植物，尽管大土坑周围几乎没有任何植物。可是，在离大土坑100米处还发现另一个土坑，奇怪的是，还从未发现有人为了某种用途在这里从事这种土方作业。这一新发现的土坑周围也是什么植物也没有，而坑里却长出一小丛茂密的小树。

俄罗斯科尔普湖之谜迄今悬而未解。在世界其他一些地区是否也发生过类似事件？回答是肯定的。1968年4月1日，在瑞典的韦特恩冰湖上，有两个渔民发现一个奇特的大冰洞——在一个90厘米厚的冰面上竟出现一个三角形大冰洞，冰湖上散落着零碎的冰块。这一冰湖事件也像科尔普湖事件一样引起科学家们的极大兴趣。一支考察队对这里进行了考察，潜水员在湖底发现一种奇怪的鳞状物，但研究人员对其来历还无法作出解释。不过，当研究人员考察邻近的几个湖泊时，发现那里的冰面上也出现了这样的三角形冰洞，它们的大小恰恰跟瑞典韦特恩湖上发现的三角形冰洞一模一样。

这究竟是何物，给地球人类留下诸多的待解之谜后便悄然离去？现代科学暂时无法回答这一问题。

第三章

UFO犯案

　　茫茫宇宙中，充满无数悬疑与未知，而宇宙中种种物质都以其特有的方式存在着，或动或静，不一而论，UFO绝对是不安的一类。为人所知的UFO，往往因为其犯下的"惊天大案"而扬名于世。

神秘绑架事件

尽管我们无法推测UFO访问地球的真正目的是什么，但UFO的确给曾接触过它们的地球人带来许多的烦恼和痛苦。不少与UFO接触过的人都把这段接触时间称作被"外星人"绑架。

19 75年1月5日凌晨3时，南美洲阿根廷拜亚布兰加市一名男子从餐厅走出来。他名叫卡罗斯·阿尔贝特·狄亚斯（28岁），在这家餐厅做侍者，从晚上8时工作到翌晨3时，当天有个慈善团体举办宴会，刚刚才把工作忙完。他有一妻一子，虽然年纪还轻，但收入不错，家庭也很美满。

狄亚斯穿着侍者服装，腋下夹着刚买的报纸，像往常一样搭乘巴士回家。他大约凌晨3时30分在住家附近的车站下车。附近漆黑，他快步走回家。当他走到距家大约50米处时，突然有一道闪光照亮周围。狄亚斯最先以为是闪电，但光线一直没有消失，而且久久没有雷声响起。狄亚斯心觉诧异便停下来，环顾一下周围。这一看不得了，狄亚斯发现有一道圆筒状的光宛如笼罩他一般由上方垂直照射下来！

狄亚斯惊不可遏，想拔腿逃回家，但全身宛如中了定身符一般，僵硬得无法动弹。这时他听见一阵蜜蜂般的嗡嗡声，而他的身体被吸离地面50厘米，之后他便不省人事了……

狄亚斯醒过来时，一丝不挂地仰面躺在床上，那种床有点像医院的手术台。那是一间奇怪的房间，呈半球形，好像倒过来的碗，墙壁是半透明的，好像是塑胶的，室内直径2.5米，高约3米，没有家具，也没有照明器具、机械

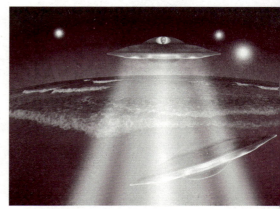

☆ 海面上的UFO

☆ 外星人

装置，但室内一片通明，墙壁好像散发淡淡的光线。地板有一些孔，也许空气就从那儿流进来的。

"这是什么地方？" 狄亚斯整理朦胧的记忆，追忆了好一会儿才想起他刚才快到家时所发生的可怕遭遇。

"是的，我被那修饰筒掳来这儿了！"

他顿起激烈的恐惧与不安，吓得全身直发抖，然而更可怕的事情还在后头。三个有点像人的奇怪生物不声不响地进入室内。狄亚斯第一眼看见他们时差点昏过去。那种生物虽然形状像人，但它们的脸却是连眼睛、鼻子、嘴巴都没有的"蛋脸"，脸孔只有人类的一半大，头与脸是绿色的，身高大约180厘米，身穿乳白色像是橡胶制的罩衫，身材高瘦，手臂也有两条，但没有手指，端部圆圆的，像木棒一样，看起来令人不舒服。皮肤基本是光滑的，连一根毛也没有。狄

亚斯以为是幻觉或者做噩梦，便睁大眼凝视，但三个奇怪生物的确就在那儿，不仅如此，其中一个还走近他身边，伸出那野兽般的手臂。

狄亚斯以为对方要杀他，便哇哇大叫，但奇怪生物只是拔下他一根头发。狄亚斯比较放心了，但奇怪生物又伸出魔手，拔下他一根头发；奇怪生物一再重复这个动作。狄亚斯想反抗，但不知为什么却全身僵硬，手脚完全不听使唤。

奇怪生物那木棒般的手臂末端似乎长有吸盘之类的东西，只要按在狄亚斯头上就可轻易地拔下他的头发，而且不可思议的是，狄亚斯一点也感觉不到疼痛。一会儿之后，奇怪生物开始拔他的胸毛，并且像在观察狄亚斯一般缓缓绕着床边走。

☆ 外星人

· 相关链接 ·

吸盘：动物的吸附器官，一般呈圆形、中间凹陷的盘状。吸盘有吸附、摄食和运动等功能。

"我也许会被杀掉。"狄亚斯大致也有觉悟了，他再度感觉意识朦胧，最后完全昏迷了。

狄亚斯再度恢复意识时，人躺在草地上，夜色已经过去，阳光灿烂耀眼，不远处传来汽车来来往往的声音。狄亚斯抬头一看，原来是高速公路，但周围的景色却很陌生。

好像逃过一劫了。狄亚斯先是一阵安心，然后看看自己的周围。他离开餐厅时携带的手提包、在餐厅入口处购买的报纸就摆在他身边的草地上。"我在做噩梦吗？我从来不会喝酒醉倒在野外的。况且，我还清楚地记得走下巴士，快到家……我又是如何躺在这处高速公路旁的呢？那个时候才不过凌晨三点半……"

狄亚斯连忙看一看手表，指针停在3时50分。他突然感到身体不舒服，想作呕，便瘫痪在地。数分钟后，一名开车经过高速公路的男子发现倒在地上痛苦挣扎的狄亚斯，便送他到布宜诺斯艾利斯的中央铁路医院。到达医院时大约是5号上午8时。

医生诊察狄亚斯，最先以为他头部受到严重撞击而发生记忆错乱，因为狄亚斯最先昏迷的地点与被人发现的地点相距800千米之遥。除非乘坐高性能直升飞机，否则实难在如此之短的时间内移动800千米。而且，这名奇怪的患者满口胡言乱语，荒谬绝伦。

狄亚斯受到该医院46位医师长达四天的轮流质询与诊察，结果发现他有多根发毛与胸毛脱落，另外查出目眩、胃肠不顺、食欲不振等症状。同时对他进行了彻底的脑部检查，但却找不到任何异常。

· 知识外延 ·

布宜诺斯艾利斯：简称布宜诺斯，是阿根廷最大城市、首都和政治、经济、文化中心，素有"南美巴黎"的美誉。它东临拉普拉塔河，对岸为乌拉圭（东方）共和国，西靠有"世界粮仓"之称的潘帕斯大草原，风景秀美，气候宜人。

☆ UFO与外星人带来的神秘，令人们长期无法破解

坠落美国的UFO

　　或许美国有某种得天独厚的条件，不然，为什么UFO坠落事件都发生在美国？美国的科学技术发达，这些UFO残骸或许对美国的航空和宇航技术有所帮助。

1948年2月的某天，位于美国西南部的三个空军基地(慕罗科、圣达菲、科罗拉多州西南部)的雷达上，出现了UFO。后来荧幕上的影像突然消失了。根据判断，UFO坠落的可能性非常大。依据三角法算出，坠落的地点应该是在亚兹铁克西方20千米的空地上，于是军方赶紧派出部队，对UFO进行搜索。

　　UFO马上就被搜寻到了，不知什么原因，它竟毫无损伤，只有一个地方的窗户被打破了。在其内部发现了身高约为一米左右的12名乘员，全都已死亡。死因可能是窗户的洞引起舱内减压。他们的尸体在慕罗科空军基地保存了一段时间，后来为了检查而移送到莱特皮森基地。

　　还有一次坠落事件。住在宾夕法尼亚州哈利巴格的前空军上校说，退伍之前，他曾驾驶F-94战斗机，收

☆ 美国，UFO "垂青" 的国家

☆ 美国飞机

到来自德州戴耶斯基地雷达观测人员的无线电通讯。此时F-94战斗机刚飞离戴耶斯基地，正在新墨西哥州的艾尔巴卡基的上空进行飞行训练。根据雷达观测员的报告，有一架UFO通过华盛顿的上空，正以时速3200千米的惊人速度南下。幸运的是，F-94战斗机看到了这架UFO，但是要追上这架UFO则有点吃力。之后，UFO突然从雷达上消失。根据推测，它应该是坠落在德州的德雷欧镇附近。

·相关链接·

宾夕法尼亚州：美国东部一州，为立国13州之一。宾夕法尼亚州西北临伊利湖，北和东北接纽约州，东界

新泽西州，东南临特拉华州，南连马里兰州，西南为西弗吉尼亚州，西与俄亥俄州接壤。1787年12月12日，联邦宪法批准宾夕法尼亚成为加入联邦的第二个州。该州自从建立之初就以宗教自由和政治民主著称，在北美有很大影响。美国历史上的许多重要篇章都是在宾州谱写的。由于该州地处13州的正中（北部有6个州，南部有6个州），再加上该州在美国独立时的中坚作用，故有"拱顶石州"之称。

他和副驾驶返回基地，改驾小型运输机赶到现场。这时陆军的特种部队已经来了，将UFO整个儿用布篷罩住，已无法进一步确认。

这件事还有其他有力的证词。住在佛罗里达的前空军宪兵司令官看到了先前F-94战斗机飞行员所没看到的坠落的UFO。他负责事故现场的交通指挥工作。他叙述了当时所看到的景况。UFO的直径约27米，为金属制品。里面发现了一具尸体，身高约1.35米，全身上下没有半根毛发。其中最令他印象深刻的是，尸体没有大拇指。

1952年是有关UFO坠落事件的报告出现最多的一年。首先是加州的艾德怀兹空军基地附近的坠落事件。在艾德怀兹空军基地工作的雷达技师说，他在雷达上发现一架UFO逐渐靠

近基地，突然，UFO坠落了。

他在交班后马上赶往现场，把直径约15米的UFO残骸和外星人的尸体运回。被烧得焦黑的UFO暂由艾德怀兹空军基地保管，之后被搬到莱特皮森空军基地。

也有关于移送莱特皮森基地的证词。在肯塔基州哥杜曼基地负责食粮补给的一位士官曾在深夜看到，于极严密的监视及戒备之下，一辆很大的搬运车载着一个庞大的东西，在他们的基地稍事休息。他们的目的地是莱特皮森基地，而在哥杜曼基地内，大家都猜说这个东西一定是UFO。而且，在同一时期，莱特皮森基地的物资补给部门的守卫也看到一辆载着巨大物件的搬运车进入莱特皮森基地。

☆ 整洁的美国小镇

同一年，在新墨西哥州也发生了UFO坠落事件。关于此事的证词，虽是从一部特别的纪录电影中看到的间接证据，但因这部片子的内容极其特殊，特殊到光凭片子就可知道这份证据是极其珍贵和重要的。

新泽西州佛特曼玛斯基地执行秘密任务的雷达工作人员T先生，和同事数人一起被叫进放映室，看了一部很特别的电影。什么说明也没有，这部电影便开始了。16厘米的放映机突如其来地播映出司空见惯的沙漠景象。在这常见的画面里，却有个不寻常的银色大圆盘。摄影机的镜头一拉近圆盘，圆盘底部的一扇门就打开了。这时画面转变成穿着工作服的军方人员正围着圆盘。从那些人的身高和圆盘的比例推算，圆盘直径大概有五至六米。下一个画面则跳到一个似乎是圆盘内部的地方。可以看到有配电图和好几根杠杆，似乎没有什么复杂的装置。下一个则是令人震惊的画面：在长桌上，并排放着三具尸体，很明显这并不是人类的尸体。跟身体比起来，它们的头过大，脸则好像蒙古人种；眼睛和嘴巴闭着，在脸的中央可以看到有一个类似鼻子的小洞，看不到耳朵在哪里，也没有头发，皮肤苍白，穿着剪裁得很合身的制服。

为什么让他们看这部影片？T先生心想，大概是要他去进行与这部影片有关的任务吧。虽然放映的人员并没有说明观看影片的目的，可是，在两个星期之后，基地的情报少尉警告他们："必须忘掉以前所看的那部影片！"这使他感觉到那部影片绝非一部单纯的纪录片。在他们看过影片之后，基地的安全少校也马上跑来问他们，有没有看过坠落在新墨西哥州的UFO影片。

关于1953年的事，一个在空军导航导弹发射场工作的军人说："在发射场的附近有一架UFO坠毁，部队便马上派人去将UFO运回。经过仔细寻找之后，在UFO的里面发现了四具尸体。"

1962年的事件，则集合了20位证人的有力证词。在空军的雷达扫描到德克萨斯上空有UFO的踪影后，喷气式战斗机便紧急升空。UFO到达新墨西哥州的上空时，高度急速下降，开始摇摇晃晃地飞行。UFO似乎出故障了，最终坠落在赫罗曼基地附近的沙漠。这架UFO的直径约二十米、高

四米，在其内发现两具约一米高的外星人尸体。尸体在翌日运往大学附属医院进行解剖，机身则运往某空军基地，由科学家和专门技师进行更进一步的研究。

·知识外延·

喷气式战斗机：安装有德国科学家冯·奥亨研制的喷气发动机的He－178型飞机是世界上第一架喷气式飞机。该机于1939年8月27日首次试飞。最早投入批量生产并被转变为部队的喷气式战斗机的是英国的"流星"式战斗机和德国的梅塞施密特Me－262型战斗机。Me－262首次试飞是在1942年7月18日，时速达850千米，这比当时所有活塞式战斗机都要快得多。1943年11月，希特勒在观看这种飞机的表演后说："我们总算有了可以用于闪电作战的轰炸机了！"但他坚决不同意将其作为战斗机使用。直到1944年秋天，Me－262才得以作为战斗机投入使

UFO未解之谜
UFO wei jie zhi mi

☆ 美国郊外

用。尽管Me－262取得了辉煌的战果，但它已不能挽回纳粹德国的败局了。

像新墨西哥州一样，有多起坠落事件发生的地区还有亚利桑那州，1952年、1953年、1966年，都发生极重大的坠落事件。其中1953年在金格曼发生的事，由空军发动了大规模的调查。

在内华达州的原子弹实验场，从事原子弹爆炸对建筑物影响研究的W先生，于1953年5月21日受命执行一个特别的任务，于是他搭乘军用机前往亚利桑那州的威尼克斯。在威尼克斯再搭约四小时的巴士，于金格曼下车。

被军方说成最高机密的军用机坠毁现场，当然戒备森严。但是W在现场所看到的，却和军方说法相去甚远，因为那东西和军用机相差太大了。那是一个横躺在那里、直径九米的圆盘。机身的表面像是粗糙的、银色的、闪着光泽的铝质。W的工作是根据沙地形成的洞穴的角度及深浅，算出UFO落下的速度。

尽管机身插入约50厘米深的沙子里面，但是一点擦伤、毁损也看不见。在机体的旁边，张着一个棚罩，由武装的宪兵警戒。W先生趁宪兵不注意的时候，偷偷地看了一下UFO的内部，里面放着穿银色金属衣服、身

☆ 墨西哥州

高120厘米左右、很像人类的尸体。

在新墨西哥州罗兹威尔，发生了一件引人注目的重大事件。在这之前，早已是"公开秘密"的美国空军UFO收回和调查行动中只有一次得到军方当局的承认，这就是在1947年发生的罗兹威尔事件。

1947年7月8日，罗兹威尔空军基地宣传部的瓦特·华特中尉发表了如下报道："驻扎罗兹威尔的第八空军联队第五〇九轰炸机大队情报部，因当地牧场主人和查别斯郡警局的协助，成功地取得UFO。"

这则消息当然会在当地流传开

来，而且还通过通讯社送往全世界。可是，这个消息发布数小时后，官方又马上发表了一则更正启事："此次飞碟收回事件纯属误导，事实上，这是观测气象用的气球。"可想而知，这件事就此打上休止符。

可是UFO研究者威利安姆亚仍锲而不舍地追查，这才使这件事真相大白。事情发生的第一现场，是在罗兹威尔的北方约48千米的欧德乔甫雷斯牧场。牧场的主人威利安·布雷谢尔在7月2日的晚上，听到混合着雷鸣的爆炸声。那个时候他还不怎么在意，上床睡觉去了。

次日的早晨，他在牧场草地上发现了一些奇怪的东西，它们散落在方圆一千米的地面上。那是一些前所未见、极为坚硬的物质。他再仔细地观看四周，只见一小片草地有烧焦的痕迹。

布雷谢尔向郡警察局报案时，已是7月7日了。由此可知，他并不知道这件事的重要性。不用说，军方在获得报告之后，当然马上派人员将那些碎片收回。

距离布雷谢尔牧场200千米远的桑艾格斯汀平原，也发生了一次坠落事件。在联邦政府土壤管理部门工作的土木工程师巴尼·巴涅特在7月3日坐车到测量作业现场时，远远地看到一个发光的东西。

他在好奇心的驱使之下，将车开入了平原。在那里，他看到了一个脏污的不锈钢圆盘，直径约八到九米。周围倒了几个像是圆盘乘员的东西。美军将校和士兵们马上赶到这一现场。

从这两件事情推测，圆盘在布雷谢尔牧场上空因某种原因而爆炸，在奋力飞了200千米之后终于力竭，坠落在桑艾格斯汀平原。相信当局也同时知道了这两个地点所发生的事件。圆盘的收回作业是秘密进行的，故有必要将大众传媒的注意力转向布雷谢尔的牧场，因此这件事才得以被公开。

☆ 布雷谢尔的牧场

飞机神秘失踪之谜

这件事的蹊跷在于，找不到失事飞机的任何残骸和遗留物。这是无法用常规思维理解的飞机失踪案件。

19 78年10月21日，从澳大利亚墨尔本附近的莫拉丙机场，一架协和飞机飞上一片暮色的天空。时值晚上6点19分，天空晴朗，景色宜人。它的目的地是直线距离约200千米的南方海上的金格岛。协和飞机预定在此岛上装满海产货物，然后马上返回莫拉丙机场。

·相关链接·

墨尔本：澳大利亚第二大城市，是有"花园之州"之称的维多利亚州的首府，知名的国际大都市，城市的绿化面积高达40%，曾连续多年被评为最适合居住的城市之一。1901年至1927年，墨尔本是澳大利亚的首都。墨尔本也是澳大利亚的文化重镇和体育之都，曾主办1956年夏季奥运会，也是一年一度的澳大利亚网球公开赛、一级方程式赛车澳大利亚分站比赛的常年主办城市。全澳乃至全球都

很有影响力的墨尔本杯赛马每年都在墨尔本举行。墨尔本拥有全球最大的有轨电车网络，也是全澳大利亚唯一有有轨电车的城市。

正驾驶弗雷德立克·保罗·布连地年方二十，但已有近200小时的飞行

☆ 即便是晴好的天气，也有可能遭逢UFO

经验，是一名极有前途的飞行员。他要取得专业的飞行执照，必须达到规定的夜间飞行时数，所以选择在当日往返金格岛。

飞离莫拉丙机场的布连地，在往目的地前进时，看见在西南方出现一个像是发光的气球般的东西，到了渥太威岬仍能看到它的踪影。晚上7点整，布连地向墨尔本的控制塔报告"通过渥太威岬"。在渥太威岬的海面上，机首面向南方一直前进，过28分钟就该到金格岛了。

天气状况良好、视线清晰，一切都依飞行计划顺利进行。所以，在这关头，布连地一点恐怖危险的预感也没有。布连地唯一感到有点异常的是在通过渥太威岬岭的那一刻。晚上7点6分，他向墨尔本控制塔询问："150米以下的空中，有无其他飞机？"

控制塔回答他："依飞行航程表上记载没有。"可是布连地却看见，协和飞机的上方，有一架巨大的飞机。这架巨大的飞机一旦超越协和飞机，就会马上折回来再度越过协和飞机的上方，像是在戏弄协和飞机似的，一次、二次、三次，不停地反复着。

"难道是要追踪我吗？"布连地有点厌烦地喃喃自语。墨尔本的控制塔要布连地确认清楚纠缠协和飞机的机体。于是他报告说："这不是一般的飞机！"接着又说："形状是细长形，可以看到绿色的灯光，机体似乎是金属做的，外侧闪闪发亮。"之后，控制塔失去了布连地的音讯，在这之前，便可嗅出危险的讯息了。7点12分，控制塔收到他用惨叫的声音说："这家伙在我上面啊！"之后又叫了一声："墨尔本控制塔……"接着

☆ 不是所有的UFO都能够被清楚地看到，它们的隐形技术非常高超

通讯就中断了。控制塔的无线电在这最后一句话断了之后的17秒钟内，接收到一阵卡咯卡咯、咯吱嗒吱的阴森可怕的金属声，然后又迅速被一片静寂笼罩。此时是7点12分48秒，布连地就在金格岛的正前方不远处失踪了。

接到协和飞机罹难的消息，澳大利亚的军方马上出动，在空中及海面上展开大搜索行动。可是飞行员和协和飞机的踪影都没被发现。而且在事发后四天，仍未发现机体的残骸或任何的遗留物，这事便成了难解的谜题，而搜索工作也就此打住了。布连地和协和飞机一起在渥太威岬的海面上，被擦掉似的消失了。

·知识外延·

协和飞机：也叫做协和式飞机，是由英国和法国联合研制的一种超音速客机，这种飞机一共只建造了20架。它的最大飞行速度可达2.04马赫，巡航高度18000米。协和飞机于1969年研制成功，并于1976年1月21日投入商业飞行。英国航空公司和法国航空公司使用协和飞机运营跨越大西洋的航线。

在刚开始的时候，这起意外仅以普通的飞机失事处理，可是，从控制塔的记录录音带中得知有一个UFO般的物体介入之后，在国内外引起了极大的回响。否认UFO存在的澳大利亚政府发表了这样的申明："在事件当时，因协和飞机翻转飞行，所以将映在海面上的城市的灯光，误认为飞行物体，才坠落大海里。"可是，这架协和飞机的主燃料筒是装在机翼上的，无法作50秒以上的翻转飞行。假如是坠落爆炸的话，也不至于会炸个粉碎，导致片甲不留吧！总有一些碎片会被寻获。更不可思议的是这17秒钟的金属声，对它们又作何解释呢？爆炸声不会持续17秒呀！这一切该如何说明呢？

事实上，这件事的开端，应该是在这事发生的六个星期前，从那时起，在澳大利亚不断有人看见UFO，而在那一天到达了高峰。在布连地失去音讯的那一刻，有好几人看到了发出绿色光的UFO。他果真是和协和飞机一起被UFO俘虏去了吗？不留下任何蛛丝马迹而消失了的协和飞机的真相，完全打消了一般坠落和爆炸的说法的可能性。这当然就是超越一般常理所能理解的现象，也就是UFO的神秘力量。

遭遇UFO的秘鲁客机

在飞机上和在地面上不一样。身在高空看见不明飞行物在身边飞行或从头上掠过，着实会让人惊慌失措，镇静自若地陈述事实，当然需要巨大的勇气。

19 67年2月2日，一架秘鲁航空公司的DC—4式客机曾被不明飞行物紧紧跟踪了300千米。这架飞机的机长叫奥斯瓦尔多·桑比蒂，他当年40岁。在记者采访他时，他详细地讲述了这次不寻常的空中事件：

"2月2日18点整，我们从皮乌拉起飞，飞往首都利马。半小时后，我们飞行到奇克拉约上空。当时飞机的高度是2000米。忽然，我们在飞机的右侧发现了一个发光的物体。当时，天色开始渐渐地暗了下来。我看到那个物体放射出极其强烈的光芒，它的外形是个倒置过来的锥体。当时它离飞机有几千米远，处在与飞机同样的高度，而且航速航向都一样，与飞机并列飞行，就像在附近监视我们似的。但不久，我看到它以神奇的速度，做着许多奇怪的动作。有几次，它垂直地升入天空，然后又下降到了先前所在的位置。我让机组人员密切

注意该物，并把这件事报告了全体乘客。当时飞机上共有乘客52人，机组人员7人。我对他们说，看来这个东西在监视着我们。

·相关链接·

利马：秘鲁全国最大的经济、文化中心。位于沿海灌溉绿洲上。东接安第斯山麓，西连太平洋岸外港卡亚俄。热带沙漠气候，因受秘鲁寒流影响，气候温和干燥。人口占全国人口的四分之一以上。1535年建于里马克河畔，曾长期为西班牙在南美洲殖民地的重要行政中心。集中全国工业的70%，主要有食品、纺织、皮革、服装、塑料、药品、化学、金属加工、石油提炼等。有铁路、公路同卡亚俄港及其他城市相通，并有国际机场。

"它在飞机右侧飞行，时不时地上

升或下降，与我们的飞机并列飞行了一段时间，突然，它调头朝我们飞来，像离弦的箭一样从飞机头上掠过。我注意到，在它飞近飞机时，一直发着色彩鲜艳的光芒，它的上部是淡蓝色光，而下部是红光，当它稍稍升高时，蓝光从飞机上方掠过后就变成了红光，然后红光又变成了橙光。我发现它底部的形状像漏斗一样。我估计，它上部最宽部位的直径有70米。它从我们上头掠过后，便在飞机左侧飞行，我们之间相距3000米。

"当时，我试图同利马机场的塔台取得联系，但无线电已经失灵。我看到，机舱内的灯光也变得十分微弱，我一个劲儿地拨弄着无线电收发机。但还是一点声音也没有。那个不明飞行物就这样一直跟踪了一小时之久。夜幕四合时，它突然离去。

"我走到客舱时，看到不少乘客都吓得面如土色。有几个女人简直快吓疯了，还有几个大哭起来。当那个不明飞行物消失后，我又一次开启无线电收发机与利马联系，这一次很快就联系上了。这时，无线电收发机重新正常工作，灯光也恢复到了以前正常的亮度，但我刚刚与塔台联系上，向地面导航人员报告这件事时，那个飞行物又飞了回来。这一回，还有一个不明飞行物在它旁边飞行，它们一同朝我们的方向飞来。它们的体积和外形都一样。当我向地面塔台报告说有两个不明飞行物出现在我们附近时，它们都在转瞬之间飞逝而去。以后，我就再也没有看到它们了。"

·知识外延·

塔台：或称控制塔，是一种设置于机场中的航空运输管制设施，用来监看以及控制飞机起降的地方。世界上大部分的机场都设有塔台，或是使用命令频率，只有少数最忙碌的机场拥有需要设置塔台的航班流量，但也有些机场会在特别活动（例如航空秀）期间临时启用塔台。

☆ 美丽的秘鲁城市一角

凭空消失的火星探测器

对于遥远的火星，人类无法近距离了解，那么它的上面究竟会发生什么事情，或许就只有上帝知道了。

19 88年7月，苏联先后发射了两枚火星探测器——福波斯1号和福波斯2号。福波斯1号在前往火星途中失踪，福波斯2号于1989年1月成功抵达火星轨道，然而3月25日左右，福波斯2号突然和地球中断联系。在失去联络前，福波斯2号传来的最后几张照片震惊了所有苏联太空专家，只见在火星卫星火卫一的下面，竟然悬浮着一个长约25千米、直径约1.5千米的雪茄状神秘UFO！

·相关链接·

火星探测器：一种用来探测火星的人造卫星。1962年，前苏联发射的"火星1号"探测器是人类向火星发射的第一个火星探测器，但它在飞离地球1亿千米时与地面失去联系，从此下落不明。1964年，美国发射了"水手4号"探测器，并成功飞到距离火星1万千米处拍摄了21幅照片。

据报道，福波斯1号和福波斯2号的主要目的是探测火星卫星福波斯（又称火卫一）。福波斯1号在前往火星途中失踪，原因是出了无线命令错误。福波斯2号于1989年1月成功抵达

☆ 火星探测器

火星上空并开始正常工作，然而就在当年3月25日左右，福波斯2号突然和苏联地面控制中心失去了联络，从此再也没有恢复联系。迫于"福波斯任务"国际合作者的压力，苏联公布了福波斯2号传回地球的最后一段录像数据，这段录像后来曾在加拿大和欧洲的几家电视台播出。然而不为人知的是，苏联当时并没有公布所有录像资料。福波斯2号失踪前拍下的最后几帧照片，已经被苏联官方从向欧美公布的录像带中剪切了下来——因为这最后几帧照片实在太惊人了。

1989年4月，苏联专家在英国《新科学家》杂志发表文章，只是笼统地称"福波斯2号"在火星表面和火星大气中看到了一些"非常奇怪、令人困惑的东西"。直到苏联解体后，这些属于"高级机密"的照片才被俄罗斯宇航员马里娜·波波维奇博士偷偷带到西方，在一个不明飞行物研讨会上进行了公布。

据悉，福波斯2号最后发回地球的图像，竟是一个巨大的圆柱形"太空船"照片——一个约有25千米长、直径1.5千米的雪茄状"母船"，它就悬浮在火卫一的下方。自福波斯2号传回这张令人震惊的图像后，就和地球突然失去了联系。福波斯2号惊人的最后照片令人对它失踪的原因产生了疑惑，根据苏联专家的说法，它可能被什么东西摧毁了。

·知识外延·

卫星：环绕一颗行星按闭合轨道做周期性运行的天体。不过，如果两个天体质量相当，它们所形成的系统一般称为双行星系统，而不是一颗行星和一颗天然卫星。通常，两个天体的质量中心都处于行星之内。因此，有天文学家认为冥王星与冥卫一应该归类为双行星，但2005年发现两颗新的冥卫，又使问题复杂起来。

☆ 火星探测器

月球上的美国国旗

自从美国国旗插在月球上后，就再也没有人类的足迹踏上月球，加上又排除了月球上风暴的可能，那么显而易见，"国旗失踪"不是地球人干的。

19 69年7月21日，美国"阿波罗11"号航天员阿姆斯特朗和奥尔德林在月球登陆，将第一个地球人类的足迹留在月球上，从而自豪地把美国国旗牢牢地插在月球上。但令人费解的是，1997年国旗却神秘失踪。

·相关链接·

阿姆斯特朗：尼尔·奥尔登·阿姆斯特朗1930年8月5日生于俄亥俄州瓦帕科内塔。1955年获珀杜大学航空工程专业理学硕士学位。1949年至1952年在美国海军服役（飞行驾驶员）。阿姆斯特朗是第一个登上月球的宇航员。2012年8月25日，阿姆斯特朗因心脏搭桥手术后的并发症逝世，享年82岁。

1997年6月，美国宇航局的专家们在仔细研究最新拍摄的月面照片时惊异地发现，1969年7月21日，美国航天员阿姆斯特朗和奥尔德林登月时在月球静海地区着陆地点插上的美国国旗神秘失踪。而在1997年5月26日，借助哈勃太空望远镜拍摄的月球静海地区照片上，美国国旗仍在原处。

然而，美国宇航局拒绝证实月球上的美国国旗神秘失踪的事件，更不

☆ 美国宇航员在月球插上国旗

☆ 美国宇航员的足迹留在了月球上

想就此事件向新闻界作任何解释。一直同美国宇航局保持业务联系的美国独立研究专家莫·喻尔勃兰博士说："美国社会公众有权知道有关月球上美国国旗神秘失踪的真实报导，所以，我决定发表如下声明：1997年5月26日，当哈勃太空望远镜对月球静海地区进行拍摄时，发现美国国旗还在原处，可一周后，当'哈勃'太空望远镜再次对准月面这一地区进行拍照时，却意外发现插在那里的美国国旗已神秘失踪。"要知道，自美国"阿波罗11"号登月飞行至今，再无任何一个国家的航天员去过月球。况且月球上没有大气层，从来丝风不刮，所以，月球上的美国国旗不可能自己倒下后被月球尘埃埋没。

然而，有的科学家对此事件作出推测，称是来自其他行星的智能生物在月球上登陆后拔掉了那里的美国国旗，往日发生在月球上的诸多怪异现象和事件，进一步证实了这种可能。但令人遗憾的是，迄今为止，我们尚未掌握有关此次事件的全部事实真相，可能我们永远也不会掌握这些事实和证据，因为美国政府一直不想让世界公众知道有关飞碟和外星人的任何消息，也许是害怕世人们得知后引起世界性恐慌。

· 知识外延 ·

哈勃太空望远镜：也叫做哈勃空间望远镜，是一种在特定轨道上环绕地球运行的望远镜。它的位置在地球的大气层之上，因此获得了地基望远镜所没有的好处——影像不会受到大气湍流的扰动，视相度绝佳又没有大气散射造成的背景光，还能观测会被臭氧层吸收的紫外线。于1990年发射之后，已经成为天文史上最重要的仪器。

第四章
全球UFO事件

　　UFO，似乎注定和不安相联系。它们中的多数就像宇宙间的"流窜犯"，而地球则更多地充当了案发地。从人类有UFO记载以来，这个神秘的天外来客已经在全球留下了它特有的痕迹，那就是"UFO事件"！

百万人目击UFO

如果只有少数的人看见，或许还无法让人相信UFO的真实性，然而上百万的目击者同时看到，这应当不会有假。

19 71年9月26日18时58分至19时07分，扬州北部邗江县槐泗公社的纪翔和扬州南部施桥镇的陶思炎，分别在两地同时观测到一次奇异的天象：一个满月大小的螺旋状发光物出现在西北夜空。这个发光物静悬在夜空，无声，仿佛在挑战着人类的智慧。自此开始三十多年间，中科院南京紫金山天文台研究员王思潮一直坚持对于UFO的探究。

1981年7月24日22时33分至52分和1995年7月26日22时0分至25分，我国有十多个省、直辖市都目击了这两次大规模的UFO事件，"几乎是大半个中国"，目击者上百万人之众，其中就有紫金山天文台的好几位天文工作者。王教授说，紫金山天文台先后分别收集到七十多份和五十多份目击报告，随后对部分目击者作了进一步科学调查。这些目击报告大多数是真实可信的，并且可以相互验证。

·相关链接·

紫金山天文台：全称中国科学院紫金山天文台，是我国最著名的天文台之一。始建于1934年，建成于1934年9月，位于南京市东南郊风景优美的紫金山上。紫金山天文台是我国自己建立的第一个现代天文学研究机构，前身是成立于1928年2月的国立中央研究院天文研究所。紫金山天文台的建成标志着我国现代天文学研究的开始。中国现代天文学的许多分支学科和天文台站大多在这里诞生、组建和拓展。由于其在中国天文事业建立与发展中作出的特殊贡献，被誉为"中国现代天文学的摇篮"。

1981年7月24日晚的螺旋状UFO，从内蒙古自治区南部与陕西北部交界地区上空，飞至新疆南部地区上空，飞行距离约2000千米。王思潮教授描述说："首先，看到夜空中有一团发

☆ UFO飞临城市上空

淡淡光的，形状跟云一样的物体，一直向西飘动。到了甘肃省永昌地区上空时，就变成月牙状了，近看像耳朵一样。在半空中悬着时突然转起来，慢慢甩起尾巴，很奇特。"王教授说，月牙状亮光随着旋转一明一暗，明亮时特别亮，并转出螺旋状光带，同时向西飞行。这次螺旋状UFO整体向西缓慢移动，愈来愈大，令人惊讶。"比满月直径大十几二十倍，非常壮观。"

"当时我们收集到很多报告，很多目击者画了很漂亮的画，不同地方画的画相互可以验证。"从某一个角度看，就像光一样，换一个角度看就像一团蚊香。

针对上面的UFO事件，王思潮教授从大量的目击报告和科学调查笔录

UFO 未解之谜

UFO wei jie zhi mi

中，分别选取了38份和26份质量较高者，分析计算了这两次UFO的飞行高度、速度与其他物理参数。1981年螺旋形UFO飞行高度大概为650千米，后半段的运动速度约为1600米／秒。1995年7月26日晚的扇形UFO飞行高度为1460千米左右，飞行速度仅为290米／秒。

研究人员是靠什么"通天之术"计算出这些UFO的高度和速度的呢？王教授解释说，在我国有很多水平较高的天文爱好者队伍，一些目击报道来自天文爱好者的观测。"他们从小喜欢看星座，出现奇特现象，他们会在观测后把不明飞行物与星座的相对位置标出来。我们就可以通过球面天文方法，根据他们画的情况，用经度、纬度推算出高度、飞行方向。"王教授笑称，这有点像初中、高中学过的三角。虽然地球是一个球体，计算过程比较难，但可以通过科学方法算出来。

UFO飞行器到底有多大？"比你想象的小得多。"王思潮教授推测说，可能只有几平方米，但是我们看到的可能有几百平方米，"就像一个人抽烟一样，烟雾可以转很大很大，但烟头很小。"

"从1981年和1995年两次UFO的基本特征，可以判断这可能是特殊的空间飞行器，它一面飞行一面喷射大

量的细小颗粒和气体物质，当它旋转时就形成螺旋状UFO。"王思潮教授解释说，对1995年那次，他们算了一下，高度1460千米，速度是每秒290米，加减0.05。1981年的那次，算出高度是654千米，速度也算出来，每秒1600米。这两次的速度都可以说是很慢很慢的！

"按道理，这么低的飞行速度在空中是会掉下来的，'神五'飞船在空中为什么会转了不掉下来，就是因为速度很快。"王教授指出，这种飞行器可能有反引力的奇异特性。

王教授说，人类所能看见的物质和难以看到的暗物质，都是受万有引力支配的。直升机空中悬停只能在高度为十几千米以下的对流层，这里空气较稠密，直升机的螺旋桨旋转时，将空气往下喷射，向下喷射的喷流给直升机以反作用力，使之与重力（地球引力）平衡，从而能使直升机悬停半空。而这两个不明飞行物飞行在距地面650千米和1460千米的空间，那里大气十分稀薄，而且观测表明它们也没有向下喷射物质。在这种情况下，它们很难悬停或以极低速度持续平飞而不陨落。因此，这种飞行器可能有反引力的奇异特性。"人类现在尚未掌握反引力的高科技。所以我认为它们有可能是与外星智慧生命有关系的特殊空间飞行器。"

我国对于不明飞行物的研究，从1947年6月24日美国的阿罗德发现不明飞行物开始。尽管对于UFO的研究已经过去了六十多年，但是仍然处于"初级阶段"，原因主要还是UFO实在是难得一见。王思潮教授说，目前我国对于UFO的研究已经达到可以"定性半定量"的分析水平。

王教授告诉记者，过去对于不明飞行物的研究一般停留在定性判断。"来了一个现象，估计一下什么情况，判断一下是不是，就过去了。这样的定性判断对现在科学来讲是不够的，一定要有定量的分析。"王教授说，过去很长时间内，我国对于不明飞行物的研究停留在对数据资料的定性判断上，由于不明飞行物太罕见，仅仅几次观测的资料远远不够。

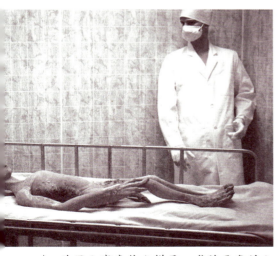

☆ 外星人究竟什么样子，或许更多的人只能凭空想象

对于1981年和1995年的两次UFO，由于有充分详实的目击报告，所以专家已经进行了定量分析。他们选择了不同地点的几十份目击报告，通过球面、三角推算出高度，高度误差是多少。"通过定量分析，得到重要的参数，可以进行最新的研究。"王教授说，南京紫金山天文台的专家公布计算方法、原始资料、1995年的定量目击报告后，其他地区的科学家根据他们公布的原始报告，可以再去调查当时情况是不是这样。

此外，王思潮教授还介绍说，目前，我国在观测方法上开始有新的尝试。过去要想观测不明飞行物很困难，它来无影去无踪，等你把望远镜打开它已经消失了。但是，现在我们的拍摄设备多了，拍摄手段也更先进了，用一些像素比较高的数码相机就可以直接拍摄。

·知识外延·

神舟五号：全称神舟五号载人飞船，简称"神五"，是"神舟"号系列飞船之一，也是中国首次发射的载人航天飞行器，于2003年10月15日将航天员杨利伟送入太空。这次的成功发射标志着中国成为继苏联（现由俄罗斯承继）和美国之后，第三个有能力独自将人送上太空的国家。

☆ UFO究竟什么样子，或许更多的人只能凭空想象

UFO摆阵凤凰城

这个世界上到底有没有飞碟？这不是一个理论问题，而是一个实证问题。见到了、找到了存在的证据，就有；反之，就是没有。

在这个世界上到底有没有UFO（即不明飞行物）的存在，至今仍是一个谜。十多年前，美国亚利桑那州的凤凰城曾有数千人目睹巨大的UFO出现，但是被当时的州长塞明顿矢口否认。十多年过后，塞明顿终于承认，他当时也看到了UFO。

·相关链接·

凤凰城：亦称菲尼克斯，在古印第安人城镇废墟上兴建，是美国亚利桑那州的州府及最大的城市。于1881年2月25日被注册为城市，当时被称为"Hoozdo"或"Fiinigis"，前者在纳瓦霍语（Navajo）中意为"炎热之地"，后者为西阿帕契语。位于常年干枯的盐河两岸。市区面积839平方千米，为史前文化遗址。

亚利桑那州凤凰城当地时间1997年3月13日晚上，夜空出现五六个琥珀色的不明巨大光点，井然有序地排列成V形，缓慢而安静地从西北往东南方向飞行，从内华达州经过凤凰城后抵达土桑边境消失，范围约300英里，从

☆ 凤凰城广场

晚间19时30分到22时30分历时约三个小时。

数千人目睹了这一不可思议的现象。相信有外星人存在者，便称这是外星人的飞碟。目击者形容UFO与一架波音747一般大小；也有目击者描述，这一不明飞行物是由五个小飞行体组合成的一架巨大的V形飞行物，每个飞行体的大小已经可与波音747飞机媲美，飞行途中始终保持队形，而且是固体，因为当飞行物飞过目击者头顶上空时，遮住了一些光线。而军方赶忙解释说，这是A-10攻击机训练时发出的光点。

这起事件在当时相当轰动，被称为"凤凰城光点"，探索频道找来目击者拍摄的影片，也访问了飞碟支持者和怀疑者，但是终究如是否存在飞碟的争论一般，没有定论。

当时任亚利桑那州州长的塞明顿碍于州长身份，矢口否认此事："我认为身为一个公众人物，你得对你所说的非常小心。因为民众会有非常情绪化的反应，我的目的是不要惊扰社会。"塞明顿当时甚至开了个记者招待会，以半搞笑的方式把整件事压下

☆ 美丽的凤凰城

来。此外，塞明顿找来幕僚长扮成外星人，让全场哄堂大笑。

然而，十年之后，塞明顿决定道出他看到的真相："那些光真的非常亮，真的是太迷人了，非常大，你会觉得这是超乎世俗的。在你的直觉里，你知道这是不寻常的。"塞明顿因此成为美国第一位出面承认看到UFO的前高级官员，这也再次在美国社会炒热UFO话题。

其实，关于UFO的谜，近几十年来一直都在世界各地流传。20世纪以前，较完整的目击报告有三百份以上。据目击者报告，UFO物外形多呈圆盘状（碟状）、球状和雪茄状。从20世纪40年代末起，UFO目击事件急剧增多，引起了科学界的争论。

持否定态度的科学家认为很多目击报告不可信，UFO并不存在，只不过是人们的幻觉或是目击者对自然现象的一种曲解。肯定者认为不明飞行物是一种真实现象，正在被越来越多的事实所证实。到现在为止，全世界共有目击报告几十万份。

· 知识外延 ·

波音747：又称为"珍宝客机"（Jumbo Jet），是一种双层客舱四发动机飞机，是世界上最易识别的客机之一，亦是全世界首款宽体民航客机，由美国波音民用飞机集团制造。波音747大小是1960年代被广泛使用的波音707的两倍。1965年8月开始研制，自1970年投入服务后，一直是全球最大的民航机，垄断着民用大型运输机的市场。到A380投入服务之前，波音747保持全世界载客量最高飞机的纪录长达37年。

☆ 尽管城市处处都显得宁静祥和，但是这无法否认曾经出现的"UFO摆阵凤凰城"事件

美国遭遇UFO威胁

UFO对电流产生作用，许多目击报告都谈到了这一点。1967年，美国空军的研究人员发现，UFO是通过某种受控电磁波来干扰我们的电路的。汽车灭火、引擎停转、飞机导航仪及无线电通讯受干扰，这些现象十分危险，特别对航行中的飞机来说，必然是凶多吉少。然而，还有一种威胁严重地影响了公众的生活，那就是大规模的停电事故。

令人不安的停电事故在美国重要城市纽约发生了。当1967年11月9日一个着火的圆球体向低空下降时，各个电器和电网的电压就开始急剧减弱。汉考克机场的几名工作人员看到了一个UFO，而刚从飞机上走下来的航空局官员沃尔什则发现，那是一个十分巨大的物体，它缓慢地在低空飞行，几分钟后，沃尔什又看到了第二个UFO，它同第一个一模一样。

这时，教官韦尔登·罗斯正驾机向机场飞来，当时他还以为是地面的房屋起了火。可是，罗斯和坐在他后面的控制论专家詹姆斯·布鲁金吃惊地发现，那个"通红的火球"竟离开了地面。它的直径30米左右，急速飞行，转瞬间便消失在夜空。

当时，机场一片漆黑，罗斯凭着自己的经验安全地着陆了。下了飞机后，他立即向指挥塔和沃尔什作了报告。

据罗斯判断，那个不速之客悬停的位置在克莱配电站上空，该配电站控制着全纽约市的

☆ 美国自由女神像

UFO未解之谜

UFO wei jie zhi mi

用电。当时正是市民们到郊外去度假的时候，停电事故使600列地铁火车停驶，60000人被困在漆黑的隧道里。此外，数以千计的人亦被关在电梯中，欲坐不能，呼之无应。市内桥梁和地铁隧道一片混乱，大小汽车你挤我撞，交通事故一起接着一起。

·相关链接·

肯尼迪国际机场：全称为纽约约翰·菲茨杰拉德·肯尼迪国际机场，是纽约市的主要国际机场，也是全世界最大机场之一。约翰·菲茨杰拉德·肯尼迪总统1963年11月22日迪遇刺身亡，12月24日原机场改名为"约翰·菲茨杰拉德·肯尼迪国际机场"以纪念这位先总统。随后，机场的国际航空运输协会机场代码更新为JFK。机场共有四条跑道。

那天晚上，拉瓜迪亚机场勉强飞出了几架飞机，但肯尼迪国际机场只得取消全部航班，准备在该机场降落的飞机也只好改飞其他机场。

纽约陷入了黑暗，消息立即传到了华盛顿特区的白宫。当时的美国总统约翰逊马上命令紧急战备部宣布全国进入紧急状态。那个晚上，他彻夜未眠，一直守在电话机旁，每五分钟向紧急战备部询问一次情况。能源专

家们一筹莫展，无法解释这突如其来的、大范围的持续停电现象。他们认为，供电和控制系统是万无一失的，绝不可能是线路上的问题。

后来，困在地铁隧道里的乘客一个个摸黑走出了隧道。各家电台也启动备用发电机，使中断了的广播又响了起来。

最苦的是困在电梯中的人：有的惊恐万状，发出绝望的嚎叫；有人砸开电梯的门，艰难地爬入楼内；而大

☆ 纽约城市一角

部分人则只好待在电梯里静候了数小时才获得"解放"。事后，曼哈顿和纽约市的救护车统统出动，医院急诊室里挤得水泄不通，疯人院里的床位都被抢订一空。据一则消息透露，连圣帕特里克大教堂也住满了精神失常的人。当时，有人认为是敌人发动了闪电战，也有人以为天外来客入侵了地球。

大家议论着这次波及八个州的停电事故。要知道，纽约周围的电网可都是新设备。几家发电公司的负责人纷纷在电台发表讲话，表示不理解这次事故的原因。约翰逊总统当夜召开紧急会议，下令联邦能源委员会马上进行调查。空军参谋部的官员们希望该委员会仅仅从技术设备入手，去寻找停电原因。然而，翌日清晨，各家报纸都把昨晚目击到的UFO说成"罪魁祸首"。

锡拉丘兹市的《先驱报》率先发表了有关1967年11月9日夜目击UFO的报告。该报在显著的位置强调指出，有人在克莱配电站附近见到了奇怪的飞行物。接着，印第安纳州波利斯市的《明星报》也发表文章，《明星报》的结论是："……答案只有一个：UFO在作怪……这至少是调查员们不能掉以轻心的一个假设。"

后来，美国东北部最大的发电公司的经理查尔斯·普拉特先生打破了几天的沉默，向报界发表讲话："我们不知如何解释。不过，我们的线路没有断，发电机组没有毛病，保险器也没有发生故障。"

爱迪生电业集团的发言人认为，

UFO
未解之谜
UFO wei jie zhi mi

☆ 繁华的纽约

这次停电事件令人感到奇怪："大量的电能莫明其妙地被什么东西吸走了，仿佛整个电流都通入地球似的。我们无法作出解释。"

联邦能源委员会主席约瑟夫·C·斯威德勒一筹莫展，两天之后，他不得不垂头丧气地说："东北部的停电大事故，很可能永远也找不到答案。而且，谁也保证不了今后不会发生类似的事件。"

11月14日，加拿大总理电告FPC，加拿大打算退出加拿大—美国联合电业集团，以防止美国的停电事故给加拿大带来损害。

同一天，美国全国广播公司评论员弗朗克·麦克吉在电台里播发了一份新的UFO目击报告。麦克吉说，在大停电事故前夕，一名飞行员曾看到一个红彤彤的球体在尼亚加拉瀑布城电厂附近的上空飞行。美联社立即转发了这条消息，许多报纸都作了报道。

11月15日上午，纽约《美国人杂志》就锡拉丘兹《先驱报》的文章发表的长篇评述指出，事件是UFO造成的。此后，人们普遍认为，外星人派来的飞碟截断了城镇的电流。《动力》月刊主编经过周密地调查，发表了一份证据确凿的报告，内称：

·知识外延·

尼亚加拉瀑布：位于加拿大安大略省和美国纽约州的交界处，是北美东北部尼亚加拉河上的大瀑布，也是美洲大陆最著名的奇景之一。平均流量5720立方米/秒，与伊瓜苏瀑布、维多利亚瀑布并称为世界三大跨国瀑布。尼亚加拉瀑布一直吸引人们到此度蜜月、走钢索横越瀑布或者坐木桶漂游瀑布。

"11月9日下午，亚当—贝克2号机运转正常，它用五条线路为多伦多送电，负荷远远低于设计能力的极限。可是，好像有一股异常强大的电流突然流入似的，一台继电器猛然爆炸，一条线路被炸断。

"这件事只是正常工作中的一件小事，只要稍加检修便可以恢复线路。然而，一场恶梦开始了：仅仅过了四秒钟，整个加拿大—美国电网陷入了瘫痪。"

经过长期的调查，专家们私下里认为只有一种解释，即有一股强大的电磁波袭击了电网，在转瞬间产生了超高电，烧毁了克莱配电站和亚当—贝克变电站的设施。

多年的研究证明，UFO有中断电流的本领，可能是它致使美国东北部电网发生严重的停电事故。

越南UFO爆炸事件

不是飞机爆炸，也不是火球爆炸，也没有试验原子弹，那么，又是什么在天空中爆炸？

越南南部发生UFO爆炸。越南国营媒体2008年5月发布消息称，越南南部富国岛上空有UFO爆炸。前一天，柬埔寨空军一度表示有飞机神秘坠毁，但是后来又撤回这条消息。

· 相关链接 ·

富国岛：越南岛屿，在泰国湾内。北距柬埔寨南岸波哥11千米，东距越南南部西海岸69千米。南北长约48千米，东西最宽处达27千米，面积596平方千米。东半部从北部的海

UFO未解之谜

UFO wei jie zhi mi

☆ 越南富国岛

拔600米降至南部的366米，西半部及南端地势较低，部分岛域为森林覆盖。属热带季风气候，有两三个月的旱季。岛上出产煤玉、无烟煤、木材、胡椒、可可、咖啡、槟榔和椰子，渔业发达，出口鱼露、椰仁干和玳瑁壳。

爆炸是当地时间27日上午10点在距离柬埔寨贡布省10千米的富国岛北部发生的。越南新闻通讯社指出，当地居民找到许多灰色金属碎片，其中一片长1.5米。

这篇标题为"UFO在富国岛上空爆炸"的报道说："爆炸是在距离地面约八千米的空中发生的，或许是一架飞机，但是当局无法证明是民用飞机还是军用飞机。"报道说，当局已经派出士兵到现场搜集残骸和搜寻生还者，并且联系越南、柬埔寨和泰国的航空公司，但是都未收到有飞机失联的报告。

富国岛居民27日表示，他们曾听到很大的爆炸声，隔天居民就向媒体表示在海岸边发现小块的金属残骸。柬埔寨军方27日曾表示有一架外国客机在贡布省附近坠毁，但是后来又收回这项说法。

·知识外延·

柬埔寨：旧称高棉，是位于东南亚中南半岛的一个国家，首都金边。该国西部及西北部与泰国接壤，东北部与老挝交界，东部及东南部与越南毗邻，南部则面向暹罗湾。高棉族是主体民族，占总人口的80%，少数民族有占族、普农族、老族、傣族、斯丁族等。佛教为国教，95%以上的居民信奉佛教，占族信奉伊斯兰教，少数城市居民信奉天主教。华人、华侨约60万。柬埔寨是东南亚发展较为落后的国家，亦为世界上最不发达国家之一，经济以农业为主，工业基础薄弱。柬埔寨是东南亚国家联盟成员国之一。

土耳其人镜头里的UFO

2008年的新发现，或许真的是有价值的材料。如果录像是真实的，我们的确应当相信UFO是真实的存在，而不是人们的杜撰或幻想。

20 08年10月28日英国《太阳报》报道，夜间值班员亚琴·亚尔曼这年早些时候在土耳其的一个院子里拍下了一段"飞碟"视频。这一令人震惊的视频据称是"有史以来最重要的UFO影像"，画面中甚至还有外星人的模样。

· 相关链接 ·

英国《太阳报》：富商基思·鲁珀特·默多克拥有的新闻集团旗下的一份小开型日报。是一份煽情性报纸，是全英国销量最高的报章，以社会中下层为读者。2004年后期该报的每日发行量达320万份。星期日版的《太阳报》名为《世界新闻报》。2012年1月28日，英国警方和默多克新闻集团旗下新闻国际公司确认，警方逮捕涉嫌向警察收买新闻线索的四名《太阳报》现任或前任管理人员和一名涉嫌受贿的警察。

42岁的亚尔曼和一些居民称，他们在伊斯坦布尔一院子附近目击了UFO，UFO5月至9月一直在那一地区出没。亚尔曼称："我不知道那些东西是什么，我们数次对它们进行了拍摄，我们完全不清楚它们是什么。当我看到它们时，我很激动，我想让世界知道UFO确实存在。"

视频的长度近两个半小时，画面中有各种不同的东西，有飞碟状的"飞行器"和悬浮在夜空中的灯光。

☆ 有关UFO的早期图片

这些视频被交给了土耳其西里乌斯UFO空间科学研究中心。中心对目击者进行了采访，并对视频进行了认真分析。

国际UFO研究者哈克坦·埃克多甘称："在这一令人震惊的录像画面中，人们可以清楚地看到UFO的外形和它们的金属结构。尤为重要的是，

☆ UFO与外星人

将这些物体的画面放大后，人们可以看到里面的实体。我们与所有的目击者进行了对话，对两个半小时的录像进行了仔细分析。在进行所有的分析后，我们的结论是，录像百分之百是真的。录像画面中的物体是有结构的物体，这不是出于错误辨识或者是自然现象、飞机或者太空中的物体。它们不是计算机动画的产物。现在是世界各国政府承认UFO现实的时候了。录像画面预计将对整个世界产生重大影响，它是有史以来所拍摄的最为重要的UFO影像。"

录像在《UFO数据杂志》10月25日在英格兰西约克郡庞蒂弗拉克特举行的年度会议上发布。英国专家也对这一录像表示认同。《UFO数据杂志》编辑拉塞尔·卡尔汉称："土耳其的录像如果是真的，那么它将对科学产生严肃的挑战。我可以很老实地说，录像真的很独特。"

·知识外延·

西约克郡：英格兰约克郡-亨伯地区的名誉郡、都市郡，包含五个都市自治市。以人口计算，利兹市、布拉德福德市、韦克菲尔德市分别是第一、二、三大城市、都市自治市；利兹、布拉德福德、哈德斯菲尔德、哈利法克斯、韦克菲尔德、迪斯伯里、基斯利、莫利、巴特利分别是第一至九大的镇。

中国飞碟报告

1999，即将跨入新世纪的中国在几个不同的地方都发现了不明飞行物，而且均在夏季。这是偶然的巧合，还是故意的安排？我们不得而知。

碟状金属物

目击者说："1999年6月19日上午，在河北省蔚州镇，我与朋友出去逛，在路过电视塔不远处的工业小区公路时，发现远处十字路口东北角的一片空地上刮起了高7米、平均直径约30厘米的不太正常的旋风，风速很小。突然，我看到了一个凸透镜形的状金属物，我的朋友也看到了。这个物体在旋风顶上，无法感知高度，只看到它直径大约4厘米，在蓝天白云的映衬下格外清晰，在太阳的照射下光呈亮白色。这个物体在有规律地左右晃动，幅度不大，好像还在旋转，显得很自然。该物体外观结构完美，没有标记，整个样子像两个小草帽扣在一起。边缘弧度比较大，很光滑。当时约10时30分，天气晴朗，气温30℃以上，偶尔有一些微风吹过。连续好几天的高温使人们很少出门，这地方还远离市中心，平时人寥寥无几，我们当时没有发现别人也注意到这不明飞行物。我从见到这物体时就想到了飞碟，但由于看得不清楚，所以没下定论。看了约一分钟，不明飞行物突

UFO未解之谜

UFO wei jie zhi mi

☆ 依山傍水的湘西小城

然在我们的视线中消失了，像是溶解在空气中。这时，旋风也好像没了动力，越来越小，直到消失。我们觉得这个不明物体非常像飞碟。"

湘西夜空中出现UFO群

目击者说："我的家住在湖南省西部的怀化市辰溪县县城。以前我一直认为《目击传真》栏目中的大部分目击者很可能都是在捕风捉影编故事，可经过这次自己的亲身经历和目击所见，我不得不为自己以前的偏见深感愧疚。1999年6月18日晚上20时30分左右，我冲完澡后匆匆把自己换下的衣物洗净，准备拿到室外去晾一晾，以便第二天一同带走。当晚的夜空十分晴朗，视线极佳，当我来到室外准备晾挂衣服的时候，突然发现在我的正西方，仰角约70度，距地面很高的夜空中悬挂着八个不明飞行物。它们从西北至东南方向不规则地排列着，同时发出亮度不一的橘黄色光。它们的亮度忽明忽暗，也不时地变幻着光的颜色。有时由橘黄变成火红色，就像八团火球高高悬挂在空中。它们大的时候直径为25厘米左右，一会儿又暗下来变成比星星稍大稍亮的小火点。它们似乎在夜空中做着垂直升降的飞行表演，但始终没有发出任何声响。我发呆般地看了约三分钟的时间，然后把爱人喊到室外，同时还有我的邻居，我们一起观看了这群不明飞行物。它们仍不时地变换着光度，悬在空中约七分钟后缓慢地向西北方向飞行。从我发现这群不明飞行物到它们消失，持续时间为14分钟。"

☆ UFO的出现，总是充满了神秘色彩

克拉玛依市：以石油命名的城市。"克拉玛依"系维吾尔语"黑油"的译音，得名于市区东北角一群天然沥青丘——黑油山。是新中国成立后勘探开发的第一个大油田。2002年，其原油产量突破1000万吨，成为中国西部第一个原油产量上千万吨的大油田。2011年12月20日，获得"全国文明城市"荣誉称号。

新疆发现UFO

1999年7月17日夜间0时40分左右，夜空很晴朗，在新疆克拉玛依市碱滩区后山坡天空中出现一不明飞行物。它像是一个圆盘状光环，由西北向东北方向飞行，然后向北一拐弯，亮光关闭，只剩下一个红色光点后消失。从地面上看去，它有好多束灯光，其中有三条光束很亮，近似云层中的霞光。当飞行至一工地上空最近点时，它发出一道强光，照亮一处沙滩，但没有任何声音。在飞行过后留有一条很亮的约50米宽、很规则的光带，持续保留三十秒钟后消失。飞行物从发现到消失约两分钟左右，当时工地上有近百名目击者观看了这一壮景。

飞碟光临桂林

一名学生说："1999年6月22日晚22时40分左右，我们的学校已经熄灯，但有些同学仍在楼顶乘凉。23时左右，我听到有人在楼顶大叫一声：快来看啊！飞碟光临桂林了！我一听，赶紧跑上楼顶去看。只见东北角的天空一片淡红，像黎明的天空一

★ 辽阔的新疆大地

样。当时有月亮，只是重重的乌云把月亮遮住了。在那淡红色天空下，不注意看不会看见。那光饼张开时就像节日里放的礼炮一样，张开成很大的圆，一会儿收缩聚合起来。我和同学们一边看一边议论。过了一会儿，我忽然想起我的同学有一个望远镜，何不用望远镜来看看？我找来望远镜，但同学们见夜已深，而且那光饼只是单一地重复，都去睡觉了。我只好在宿舍的窗前观看（我那时有点害怕），看到的景象更奇怪。那光饼由一粒一粒的光粒围成，每粒光都是光芒四射，但不刺眼。那光粒组成的光圈旋转着，而整个光饼沿一定路径运动。我观看着，正当我稍不注意时，它忽然消失了，而天空依然那样淡红。我立刻看表，是午夜12点。"

山东招远市发现UFO

目击者说："我是山东省招远市

☆ 山东招远市夜景

供电公司职工。1999年7月2日晚，我携儿子到市政府门前广场纳凉，突然我发现在第二百货公司大楼偏北和邮电大楼之间的天空中出现了一个发光的东西。这东西给人第一眼的印象似一块飘浮的塑料在腾空。我忙叫儿子看那是什么，他答：像只鸽子，又像只鹰。当时我以为是地面的光反射到这一飞行物上，可瞬间，我发现是该飞行物自身发的光。它已由不规则的物体变成圆形，中心是银白色光，周

☆ 喀纳斯湖

☆ 广州机场一角

围是蓝光，而且有时圆有时扁，通体透亮。时间是19时57分。我看时间的刹那，它已升至高空，到了头顶上，成了一颗星星似的，颜色微黄。在天空中向东南方向直飞，尔后拐了个弯向正西向快速飞去，直到消失，时间是20时3分，从发现到消失约六七分钟时间。约20时30分左右，从正南飞来一架飞机。从与飞机的对比看，它的光比飞机强，飞行速度更快，高度更高，很显然它不是飞机。

广州机场UFO

1999年7月6日夜里20时至22时左右，不断有住在广州石井机场附近以及花都、南海的居民致电《羊城晚报》，声称见到不明运动发光物体在高空出现。

住在石井瓦村的刘先生说，当地天空中出现四个光圈，其中有一个顺时针转动，另三个逆时针旋转。不久，机场附近某部队的陈先生也来电，详细地补充了刘先生的说法。他说，从20时开始，机场西南方向，高于飞机飞行高度，出现上下两层排列的两个光环。每个光环实际上是几个球状发光体不断转动形成的，上下各三个球。大约21时以后，上面的光环变弱了，下层则由原来的三个球体逐渐增加到四个、五个和六个。这样持续到22时左右，光环消失了。陈先生所在部队的不少人都亲眼看到这一现象，他本人还曾用单位的摄像机拍摄，但效果很模糊，看不清楚。南海、花都等地的许多读者也相继打电话到报社，所描述的现象尽管不尽相同，但都说发现了不明飞行物。

记者致电气象站询问，气象站说他们也接到许多群众来电，说发现这种现象，但他们同样没有办法作出解释。此外，虽然群众来电说该不明物体出现的高度是飞机飞行的高度，但白云机场调度室并没有接到有飞行员报告发现此种现象。记者亲自到石井去观察，也没有发现天空中有上述情景发生。

UFO屐痕处处

太多的奇异现象至今也没有明确的答案。但却有些共同之处。这些UFO均是几米到十几米的长度，它们不但能在空中快速飞行，还可停留在地面上，而且都在地面上留有一些痕迹。那么，它们究竟是什么呢？众多的人看到的相同或相似的观象，不能不引起人类的深思。

19 50年9月27日，美国宾夕法尼亚州费城，警官约翰·柯林斯和约瑟夫·凯南在一块开阔地上看见一个直径有15厘米长的物体在地面上飘浮着。他们走近这个闪光的物体，柯林斯想用手把它捡起来。但是，他用手接触到的那部分突然融化了，变成了黏黏的、无味的东西。不到半小时，整个物体就全部蒸发掉了，在原地留下了一片污渍。

1952年8月27日，美国北卡罗来纳州伦伯顿，加布里埃尔·杜洛切尔和另外四个人分别报告说，他们都看见了一个奇异的物体。杜洛切尔在步行的时候，在一片空旷地上看见一个物体。这个物体离他有九米远，发着蓝白色的光。在它开始旋转着垂直上升的时候，喷射出蓝色、黄色和红色的火花。该物体直径大约有九米，厚三米。这个物体消失后，在地上发现有压平的痕迹。

1954年9月22日，美国密苏里州

☆ 美国某州政府

☆ 大面积的草地、农田等都会是UFO光顾的地方

马什菲尔德，杰克·威廉斯和欧内斯特·阿森在搜索营大道停住了他们的卡车，观看远处"银色物体的编队飞行"。后来，他们注意到一个大约60米远，180米高处的物体。它的形状像一个不平的飞镖，一头比另一头长些。它有1.8米或2.1米长，很薄，寂静无声，呈暗褐色。慢慢旋转着的机翼的末端有两条黑色的条纹，在阳光的照射下颜色看起来比较浅。它缓慢地上升，又迅速地向下跌落，喷出一种烟雾或是蒸汽。然后，它垂直地落到一片树林里。他们走进树林去寻找这个物体。他们说："几分钟后，我们在地上发现了两块完全成了粉末状的东西，但却没有发现任何动物的足迹。"

1954年10月27日，美国俄亥俄州马里斯维尔，在学校的操场上，孩子们把校长喊来，因为他们看见了一个耀眼夺目、形如雪茄的物体正从学校上空飞过。突然，它又以惊人的速度水平地向西移动。看到这个物体的有校长罗德尼·瓦利克，老师乔治·迪特玛和大约60名学生。这个物体的尾部拖着一条白色的、像网一样的东西，它像棉花一样飘落下来，将树林、灌木和毛线都盖上了。这个东西非常"坚韧"。当人们用力地拉它两头时，很难把它拉断。人们刚刚拉住绳子一端时，它就卷成一个球，然后便粉碎了。

1955年3月30日，美国亚利桑那州塔克森，音乐家安迪·弗洛里欧正开着汽车在80号公路上从塔克森向埃尔帕索行驶。突然，他看见一个"圆盘

UFO未解之谜

UFO wei jie zhi mi

状的飞行器"，直径至少有30米，7.5米厚。这个圆盘呈乌金色或青铜色，周围突出的边缘发着琥珀色的光芒，顶部有向上照射的光，并闪烁着浅蓝色。弗洛里欧说，"它发出一种音量很大、很柔和的电器的嗡嗡声。当我从汽车里出来，站在靠近驾驶座一侧时，我看到它左右摇转，前后摆动，调动着它的中心轴……它歪向一侧，向我发射出一束使人眼花缭乱的白色光线，把汽车顶盖上的漆都烧起了泡，同时也烧了我的眉毛。"弗洛里欧说，他当时觉得全身发热，好像针刺了一样。事情发生后，他恶心了几个星期。当时，汽车上的收音机不响了，车灯暗淡，汽车即使以每小时12至15千米的速度缓慢行驶，马达也还是咔嚓、咔嚓地响，"好像它会随时

☆ 蜿蜒的石径

停下来似的"。第二天下午，当他到达埃尔帕索时，"电瓶里的酸液有一半已经漏掉了，我的收音机也完全烧坏了。"

1955年7月22日，美国俄亥俄州辛辛那提，当M先生正蹲在靠近一棵桃树的地上修剪草坪时，突然"一种呈暗红色的液态物质向着树飞来"。他抬起头，看见了一个梨形的物体在大约300米的高空缓慢地从西向东移动。当他抬头观看的时候，他的双手和手臂都感到被烧得很痛。但是，当他用水洗过以后，疼痛感就立刻减轻了。第二天，M先生去检查桃树时，发现大部分树叶都变黄而落下来了。那些细树枝和大的树枝也非常脆弱，桃树似乎"石化"了似的。树干变得非常坚硬，很难用指甲抠进去，树底下的

☆ 行驶在公路上的轿车

草也都枯死了。

1957年7月30日，加拿大安大略省加尔特，15岁的杰克·斯蒂芬斯看见一个圆形的、顶部有盖的发光物体在地面上空飞行了大约45分钟。这个物体的主体旋转着，而顶盖则不动。当转动的部位转速减慢时，斯蒂芬斯能够看到一些很小的发光部位。这个物体在上升后，又水平地飞行，以很快的速度消失了。

当调查人员检查这片地区时，发现了一些折断的树枝，地面上有烧焦的痕迹和几个长45厘米的压痕，其形状颇像一个三趾动物的足迹。足迹之间的间距大约有四五米。灌木丛周围的草都枯萎了。很多树枝明显像是被大风吹卷了似的成了一团团圆堆。

1957年11月6日，美国田纳西州丹特，12岁的埃弗雷特·克拉克带着他的狗出去玩。突然，他看见一个物体落在离他大约有100米远的地上。他觉得自己像是在做梦，因此回到家里躺在了床上。20分钟后，他出去找狗，发现他的狗和另外几条狗被这个物体截在路的对面。他看见，物体外有两个男人和两个女人在企图捉住其中的一条狗，但却没有捉到。最后，这个物体垂直上升，飞离而去，一点声音也没有。事后，在现场的草地上，人们发现了一个椭圆形的压印，约7.2米长，1.5米宽。

1957年11月6日，美国俄亥俄州蒙特维尔，28岁的奥尔丹·摩尔正驱车在回家的路上行驶。突然，他看见了一个物体(像一颗发光的流星一样)被分成两半，一半垂直升空，另一半则变换着颜色，当它从白色变到蓝色时，就显得更大了。它带着一种柔和的呼呼声落在离他150米远的地方。在对它进行了15分钟的观察后，摩尔走了过去。他发现，这个物体的形状像一个"扣起来的盘子"，直径有16米，5.5

☆ 俯瞰下的群山

☆ 突兀的山岩

方触地，发出了很响的爆炸声，当时有很多人都听到了。他还看到了一团火焰。这个物体向东弹了一下，又升起来向西飞去，然后便消失了。调查人员发现，现场上有九处痕迹，同时还发现了一种像金属漆一样的物质。

1964年6月14日，美国印第安纳州代尔，查理斯·英格尔布里奇特的电视机和所有房间的电灯突然都熄灭了。于是，他走到外面，看见了一个直径有1.8米长、发着蓝白色光的物体落在离他大约18米远的地上。当他企图接近这个物体的时候，感到被电流轻微地击了一下，站在原地不能动了。后来，人们在现场发现了一块被烧的地方，地上有一个呈三角形的压痕点，压痕的深度和直径都接近一英寸。在这个物体着陆点的周围，所有

☆ UFO驾临

米高。它顶部有一个大约4.5米高的锥形物被烟雾萦绕着，缓缓地、有节奏地震动着。后来，天文学博士肯尼思·洛克在现场发现了小洞、脚印和放射现象。

1959年9月7日，美国肯塔基州瓦林德，有人发现一个盘形的物体在接近地面的低空飞行，然后又垂直地起飞到一定的高度，之后便开始水平移动。后来，人们在现场发现了一个直径有四米长的、被玷污了的圆形痕迹。通过对该处土壤的光谱分析，发现土壤中含有黏土地区很少有的铬、铁和锰元素。

1960年4月12日，美国路易斯安那州拉塔帕，一位目击者报告说，他曾看到一个盘状的红色物体从南面很快地飞过来，在离他大约有300米远的地

的植物都枯死了。

1964年9月4日，美国新泽西州葛拉斯堡罗，有两个孩子看见一个发着红光的球形物体落在一片树林里。他们走进这个物体着陆的地方，在树林里发现一块空地，在一个圆形痕迹内的青草和植物都被烧光了。空地的中心有一个直径75厘米、深45厘米的洞。洞口堆着泥土和沙子，也都被熏黑了。周围的大树在9至12米高处的树枝都被折断了，有的则垂了下来。在这个洞的旁边有三个等距离的、深6英寸的洞。这个圆形压痕区域的直径是9米。

1964年11月8日，加拿大魁北克省圣亚历克斯德蒙斯，勒贝先生在离他大约700米远的地方看到了一个发光的物体，其高度和一棵大树相同。他在现场发现了一个很大的圆形痕迹，圈内的植物都被压倒，树枝被折断，树干也被炙烧了。

112

·相关链接·

魁北克省：加拿大东部的一省。在哈得孙湾东南，南接美国。面积170万平方千米。省会魁北克城。1608年法国人尚普兰在魁北克城建立居民点，魁北克成为法国殖民地。此后英法长期在此展开争夺，1763年转归英国。1867年设省。大部分地方为低高

原，北部广阔，无人居住。圣劳伦斯河以南包括加斯佩半岛在内为阿巴拉契亚山地。（寒）温带针叶林气候。农业和人口高度集中在圣劳伦斯河沿岸肥沃低地上。有石棉、铜、铁、铅、锌、银、钼等矿藏。石棉开采居世界前列。

1965年1月25日，美国弗吉尼亚州马里恩，警察伍德·达耐尔一家和几个邻居在地上看见了一个静止不动的物体。不一会儿，它就带着喷射的火花飞走了。人们在现场发现了一些树

☆ 美丽的美国农庄

木被连根拔起，倒在地上，而且都被烧毁了。

1965年3月15日，美国佛罗里达州45岁的吉姆·弗林在打猎的时候看见一个发光的物体。它的直径有21米长，有约21英寸长的舷窗。它发出一种嗡嗡的声音。当弗林走过该物体，离它只有2.4米时，一束光线向他射来。他失去知觉达24小时之久，他的右眼失明，左眼的视力也很弱了，在医院里住了五天。在现场，人们发现一个直径22米长的圆形压痕，里面的草都烧光了，地上的土壤翻掀起来，树木也都被烧毁了。

1965年10月，美国宾夕法尼亚州比弗福尔斯县莫诺克镇，一名目击者在靠近他家的干草地上，看到了一个奇怪的物体：它形如倒扣着的碗，呈银灰色，直径大约有13.5米，高6米。这个物体的上部有三个间隔相等的"舷窗"。从舷窗中可以看见里面各种色彩的柔和的光。从其中的一个舷窗上，可以看见里面有东西活动的影子。这个物体在离地面不高的地方悬停了一会儿，悬停时，从底部射出来的大约八至十条光束好像支柱一样。借助这些光，目击者可以看见后面的树。目击者马上开车回到家里，把他妻子带回现场。他们刚从汽车上下来，这个物体就发出了一种喷气的声音，然后收回光束飞起来了。目击者

☆ 美国伊利诺伊州

看见物体的底部有一个直径大约10米的圆圈，颜色较其他部分暗得多。第二天，目击者在现场发现了一个直径有50厘米、厚1/16英寸的金属盘。盘的中心有一个孔，孔的周围环绕着八个小孔。经过专家化验分析，这个盘是由不锈钢合金制成的，盘沿有磨损的痕迹，看来是由于封漏而造成的。

1967年2月9日，美国堪萨斯州戈达德当地警方接到了一份报告：一个深红色、闪烁着多色光的物体在戈达德上空飞行，一条奇异的、像射线一样的光束从这个物体上射出来。这个物体在空中飘动了两个多小时。一个旧谷仓被物体上射出的光束烧毁了。

1967年2月11日，美国俄亥俄州米尔福特拉斯公园，19岁的沙伦·希尔德布兰德看见了一个直径有9米的物体，呈蘑菇状。当时她和费尔法克斯市的米查尔·麦克基在一起。这名少女说："大约凌晨1时45分，我们

是在米尔福东边漆黑的夜幕中看见这个东西的。麦克基从汽车上下来，呼吸着新鲜空气。他让我把他总是带在身边的手电筒递给他。当我递给他后，他说：'你看见前边的那个东西了吗？'于是，我看到一个高大而极瘦的人。"他们马上离开现场，报告了警方。一位警官和他们一起赶到现场，他们发现了一些刚刚被折断了的树枝（从手指粗细到手腕粗细不等）从大树杈上垂到地上。

1967年3月21日，美国伊利诺斯州新巴登，两个女人，一个51岁，另一个21岁，正在屋里睡觉。突然她们被热醒了，透过窗户，她们看见一个盘形的物体停在地上。物体的表面发着柔和的白光，中间是一圈圆形的亮光。物体的下部闪着红光的光圈，底部很明显有个底托。它垂直地上升，稍稍停了一会儿，又水平地飞去。接着，它又来了个急转弯，消失在树林后面。在现场，她们发现了一块直径有16米的圆形痕迹。圈内的植物都枯萎了，圈外有五个洞，直径0.9米，深25厘米。每个洞里都有一种暗色的、气味难闻的液体。一名空军军官曾到现场看过，但却没有取样。现场直到1972年仍寸草不生。

1967年5月20日，加拿大曼尼托巴省法尔孔湖，52岁的斯蒂芬·迈凯拉克看见两个带圆顶盖的物体在天空飞行。其中的一个在40米远的地方降落，另一个则在云层中消失了。这个物体直径有10.5米，上面有像通气孔似的窗口。每扇窗长约15厘米，宽约22.5厘米，并有30个小孔。他企图从一个孔朝里面看，结果被一股热流击倒在地。一分钟以后，这个物体消失了。其后，目击者因腹部烧伤，病了很长一段时间。人们在现场发现了一处很大的压痕。

1969年7月13日，美国衣阿华州万霍恩，16岁的帕蒂·巴尔和19岁的凯西听到一阵像喷气式飞机的声音之后，便看见了一个盘形的物体。这个物体呈黑灰色，中心的周围有一圈橘红色的光带，逆时针向右旋转，物体表面的金属清晰可见。清晨，当沃伦·巴尔查看他的大豆地时，他发现

☆ 开阔的公路

地上有一个圆形的压痕，直径有12米，圈内种的大豆全部枯萎，豆秆也黄了大约7至10厘米高。但圈外的植物依然生长旺盛。

1970年12月28日，美国加利福尼亚州棕榈泉，一个目击者看见在离他不远的山边有两个闪动的亮光。他看了几分钟以后，打电话给最近的飞机场，机场的人也看到了这两个亮光。在现场，人们发现了两个圆形的压痕，圈内有一块发了霉的棕色金属。

1971年7月20日，加拿大圣西阿金斯，一个目击者在一个多云的傍晚，看见五个巨大的红色亮光似乎在绕着一个深色的东西旋转。然后这几个亮光就分开了。这些亮光都是红色的，在离树顶大约4.5米高的地方飘浮着。过了一会儿，亮光全部消失，再也没

有出现。第二天清晨，在庄稼地里，他发现了一个直径有3.3米长的圆形压痕，庄稼被压坏了，而且圆圈的中心还被烧过，但其周围烧得不多。在现场以东135米远的地方，他又发现了另一个相同的圆形压痕。

1971年11月2日，美国堪萨斯州德尔福斯，一个16岁的男孩看见一个发光的物体在离他大约22米远的地方接近地面飞行。该物体有3米长，2.7米高。这个物体后来上升，被这个孩子的父母看到了。它发出一阵隆隆声，在地上只停了三分钟左右，当它上升的时候声音变得很尖。事后，人们在干燥的地面上发现了一个直径有2.4米长的圆形痕迹。圈内有热气，一棵树被撞倒了。对圈内土壤进行取样分析后发现：与附近的土壤比较，这些土不吸收水分，含酸量大，且含盐量高；这些土壤的含钙量比一般的土壤多出五至十倍，有些像矿物质。圈内的庄稼产量很低。土壤微粒外面包着一层碳氢化合物，将这种化合物加热到100℃，或是用乙基酒精可以除掉。这种涂层是一种低原子量的材料，里面是球形的高原子量的物质。在这些土壤微粒中，人们发现了一种独特的、有0.1至0.5微米长的冰柱形结晶体，这是一种过去人们从未见过的低原子量结晶体结构的物质。

1971年11月13日，美国加利福尼

☆ 堪萨斯州城市一角

亚州卢塞思峡谷，三个圣安娜的猎人看见了一个正在飞行的物体。这个物体很亮，大小像一辆汽车，呈盘形。在它消失几分钟后，他们又看到一个发光的橄榄球状物体在下降。在它着陆后，从上面走出个"什么东西"，这个"东西"在地面上滑行着。三个人盯着它看了几分钟。太阳出来后，他们来到现场，发现地上有五个圆形的压痕。其中有三个构成三角形，三角形的边长是4.2、4.3、3米；另外两个相距3米远。

1972年8月17日，美国阿拉斯加州诺顿桑德，约翰·契穆克中士和他的妻子看见一个橄榄球状的物体在慢慢地飞行。在这个物体顶部的突出部位上有几扇窗户；物体侧面发红光，底部发白光。它降落在地上后，停留

了五分钟，然后就飞走了。上尉汤姆·威廉斯调查现场时，发现有0.9米宽的地面被物体的底部压平了，地上的草也被烧过。

1974年3月23日，美国北卡罗来纳州高点，兰德尔·霍尔和小B·巴麦亚当斯驱车在接近109号公路的五月路上行驶。正当他们看到停车信号减慢速度的时候，看见前面（在他们正接近的公路的另一边）大约300米远处，一片树木上空45米高的地方，一个发光的粉红色三角形的角上发着强烈的红光。当它慢慢下降时，他们可以透过树木的空隙看到它。后来它就消失了。第二天清晨，他们来到现场，在地上发现三个直径3米的圆形压痕，压痕中心的草被压平，圈外的草也被折断了。

1974年4月30日，美国纽约州阿尔塔蒙特，鲁思·柯勒夫人和她的女儿看见一个发光的东西在离她们家几百米处的地方移动着。当时，左邻右舍的狗都在汪汪地叫。她们朝着那个东西走过去，看见了一个顶部有窗口的椭圆形物体在公路上空飞行。这个物体发射着耀眼的金光。另外，还有一个形状模糊不清的东西在它旁边活动着。当这两个目击者走近时，物体升了起来，很快就消失了。翌日，目击者在现场发现了直径有18米的地区被烧过。

1974年8月28日，加拿大不列颠

哥伦比亚省德尔塔，三个目击者看到一个盘形的物体。物体的顶部有一个方形的突起部，突起部上有孔，物体的底部发红、绿和白光，并有一个排气孔。它飞过一条河，落在一块空旷地上。它下降时发出一阵嗡嗡声，上升时则喷出一股蒸气。这个不明飞行物在离目击者45米远的空中停了十分钟。事后，在现场，人们发现那片地已被熏黑了，黑渍渗进土壤10厘米。

1974年9月1日，加拿大萨斯喀彻温省兰根伯格，埃德温·弗尔看见离地面3.3米高处有五个物体在水平地飞行着。它们都呈盘状，直径大约为3.3米，厚1.5米。他看到它们在高高的草丛中活动着，每个物体都在高速旋转着。离目击者最近的一个物体只有4.5米远。当时正在下小雨，风不大。物体以一种阶梯式的队形向上升，在60米高空停住，形成一条直线。每个物体都排出烟雾，一阵向下的旋风将它

们下面的庄稼吹倒。后来，物体消失在云雾之中。在现场，人们发现五个圆形的压痕排列成一个半圆形。有四个直径是3.3米，一个2.4米。圆圈中心的草没有受到损害，但呈顺时针方向倒伏。

·知识外延·

阿拉斯加州：一个位于美国西北、太平洋东岸的州，第49个加入美利坚合众国的州，也是美国最大的州、世界最大的飞地地区，该州的邮政缩写是AK。"阿拉斯加"一名最可能源于阿留申语的"Alyeska"，意思是"很大的陆地"。东接加拿大的育空、不列颠哥伦比亚，南邻阿拉斯加湾、太平洋，西濒白令海、白令海峡、楚科奇海，北临北冰洋。原属俄罗斯，1867年被俄国人以720万美元的价格卖给了美国。

☆ 大面积的草场、农田等，容易成为UFO制造"麦田怪圈"的理想之所

第五章
人类与UFO之战

　　地球是人类赖以生存的唯一家园，人类与其他生物在地球上代代繁衍生息。然而这一份宁静却因为UFO的出现而被打破。

　　UFO——来自外星的未知存在，随着它"驾临"地球，一系列神秘事件也陆续发生。于是，面对这一不速之客，人类有了不同的思考：是战争，还是和平？

UFO地球之家

做任何事情都要有一定的基础。从事任何事业也都要先建立基地，尤其是地域的征服和探索。看来外星人也同地球人遵从同一思维，或许他们也要建立起自己的地球基地，然后再从事什么将要影响地球人类的惊天动地的伟业。我们中国有广阔的沙漠、浩瀚的戈壁，或许真的能受到外星人的青睐。

许多UFO研究者认为，如果外星人在地球上有飞碟基地的话，那么，除去海洋之外，戈壁沙漠是外星人的理想基地。法国著名飞碟学家亨利·迪朗在《外星人的足迹》中曾经提到："大量的事实表明，戈壁沙漠和大山山脉，人迹绝迹，都是飞碟降落的好地方。一群德国学生和去内蒙古的许多旅游者都曾目击过飞碟在那里频繁降落。可以肯定，戈壁滩是飞碟的一个理想的基地。"

事实也确实如此，在中国内蒙古和新疆的茫茫戈壁上空，经常有飞碟出没，当地人已习以为常。

·相关链接·

戈壁：在蒙古语中有"沙漠""砾石荒漠""干旱的地方"等意思。在汉语里又称"瀚海沙

☆ 戈壁沙漠被认为是除了海洋以外的理想飞碟基地

☆ 茫茫戈壁

漠""戈壁滩""戈壁沙漠"。是世界上巨大的荒漠与半荒漠地区之一，绵亘在中亚浩瀚的大地，跨越蒙古和中国广袤的空间。戈壁多数地区不是沙漠而是裸岩。

UFO未解之谜
UFO weijie zhi mi

1979年9月20日深夜1时许，新疆某农场技术员在外乘凉，偶然发现天空有一个状如满月的橘红色飞行物，比月亮稍小，边缘十分整齐，飞速极快，两三分钟后消失在西方地平线。它不是飞机，飞机不会无声不息，形状也相差太多；也不可能是气球，气球不可能有超过音速若干倍的速度，且当晚刮西南微风，气球不会逆风飞行。这个农场离"死亡之海"塔克拉

玛干大沙漠仅几十千米。

人们在戈壁周围的奇台、阿勒泰地区都曾多次发现UFO。这证明，在中国的西北沙漠地区，确实常有UFO出没。

UFO也常光顾非洲的撒哈拉大沙漠。已故的著名女作家三毛，就曾在撒哈拉沙漠两次目击UFO。为此，她多次在电视上作证，证明的确存在UFO。

·知识外延·

三毛：原名陈懋平（后改名为陈平），汉族，浙江舟山人，1943年3月26日出生于重庆。辛于1991年1月

☆ 戈壁中穿行的驼队

4日。"懋"是族谱上属她那一辈分的排行，"平"取之她出生那年烽火连天，父亲期望这个世界再也没有战争，故给了这个孩子"和平"的大使命。后来这个孩子开始学写字，她无论如何都学不会写那个"懋"字。每次写名字时，都自作主张把中间那个字跳掉，偏叫自己陈平。不但如此，还把"陈"的左耳搬到隔壁去成为右耳。这么弄下来，父亲只好投降。她给自己取了名字，当时才三岁。后来她把弟弟们的"懋"字也都拿掉了。

从大量的飞碟着陆案可以看出，外星人降临地球的主要目的是对地球的一切进行全面考察和采集各种标本，他们对地球人常常是主动回避的，他们还不想与地球人公开交往。鉴于此，如果他们真要在地球上建立永久性基地的话，占地球表面积70%的广阔水域正是最理想不过的地方。

在不少飞碟案中，人们都曾看见过飞碟从海洋中飞出或从高空直接钻入海中。

在世界的各个海域都有飞碟出没，其中飞碟出现最为频繁的当数百慕大三角区，这已是世人熟知的常识。许多军用和民航机的驾驶员，海军和水手、渔民、记者、研究人员都在这里的海域或空中目击过各种各样的飞碟。

美苏大战飞碟

1955年苏联国防部秘密成立了研究组织，与此同时，美国、英国、法国的情报部门的首脑在日内瓦聚会，秘密研究对付UFO的对策。然而，面对神秘而威力巨大的UFO，地球人类好像毫无办法，一下子失去了抵御的能力。但是在这场力量悬殊的战斗中，人类并不甘心自己的失败，他们不再把UFO误当为敌人的秘密武器，也不再闭目无视它的存在，而是将其当做实实在在的对手，进行英勇而又悲壮的反击。

1952年7月9日午夜，美国华盛顿机场的值班军官科克林，突然发现荧光屏上出现了一个奇异的亮点，而且越来越大，他立即向控制中心发出警报。指挥员把电话直拨到空军司令部："飞碟出现在华盛顿上空，绝对可靠！"两分钟后，两架歼击机腾空而起，冲向夜幕。在空中，飞行员看到许多飞碟，三只飞碟编成一列，排成一行一行的，在国会大厦的上空盘旋。飞行员如临大敌，拼命加速逼近这群飞碟。当飞碟进入飞机射程之内时，飞碟突然来了个180度的大转弯，并以令人难以置信的高速度，垂直腾升到高空。两架歼击机终因油料耗尽，被迫返航。

1976年9月，一份来自伊朗对"五角大楼"的秘密报告说：两架F—4

型歼击机无意中和一群飞碟相遇，其

UFO未解之谜

UFO wei jie zhi mi

☆ 苏联战机

中一只飞碟脱离"母群"，直向飞机袭来，恣意妄为地追逐飞机。驾驶员担心它心怀恶意，只好硬着头皮一面与它周旋，一面把空对空导弹悄悄瞄准了它，准备将其击落。当导弹即将发射时，发射系统的电子装置突然出了毛病。四名驾驶员只好掉转机头逃走。幸好那只飞碟放弃了追逐，转瞬间也消失了。事后，两名驾驶员一致证明，瞄准飞碟时，导弹发射装置处于正常状态。

·相关链接·

五角大楼：位于华盛顿哥伦比亚

特区西南部波托马克河畔的阿灵顿区，是美国最高军事指挥机关——美国国防部的总部所在地。从空中俯瞰，该建筑呈正五边形，故名"五角大楼"。占地面积235.90万平方米，大楼高22米，共有6层，总建筑面积60.80万平方米，使用面积约34.40万平方米，当时造价8700万美元，于1943年4月15日建成，同年5月启用，可供2.3万名工作人员（包括军人、文职人员）在此办公。楼内走廊总长度达28千米，电话线总长至少16万千米，每天至少有20万个电话进出，每天接收邮件逾120万封。楼内设施齐全，各种时钟4200个，饮水器691个，盥洗室284间，各种电灯16250个，餐厅、商店、邮局、银行、书店等服务设施也一应俱全。楼外的4个大停车场可停放汽车约1万辆。另外包含一个2万平方米大小的中心广场，广场呈五边形，非正式的称呼是"零地带"。

阿卡迪夫·伊凡诺维奇·阿布拉克辛是一位功勋卓著的苏联空军飞行员，曾获得过红星勋章、红旗勋章和卫国战争一级勋章。1948年6月16日，阿布拉克辛试飞一架最新式的苏联喷气机。他升上天空后不久，突然发现一个呈"黄瓜"型的不明飞行物正向他横冲过来。这个古怪的飞行物放射出锥状光束，并不断下降。他当即向设在巴桑切克的卡普斯汀空军基地报告。基地也发现了这个飞行物，进行了雷达跟踪，并且命令阿布拉克辛强迫这个飞行物着陆，如果它拒绝着陆就向它开火。阿布拉克辛受命后迅速向飞行物靠去，当他距飞行物大约10千米时，飞行物突然发出扇状光束直射飞机，阿布拉克辛在这束光的强烈照耀下觉得目眩，同时惊愕地发现整个电子控制系统以及发动机均失去控制。阿布拉克辛大惊失色，他不但失去了进攻那个飞行物的能力，而且自己也处在危险的边缘，他只好紧急滑翔着陆。

·知识外延·

红星勋章：根据苏联中央执行委员会主席团1930年4月6日的命令设立。授予在战时和平时在国防事业中有卓越功勋的苏军官兵、部队、舰队、兵团、劳动者、劳动者集体、机关、企业和社会团体。该章采用工农红军的象征——红色五角星造型，中央为手持步枪的红军战士形象，周围为俄文"全世界无产者联合起来"的字样，底部是苏联的国家简称：CCCP。

1951年12月20日，三架佩刀式战斗机从美国太平洋海岸的俄勒冈州的一个空军基地起飞，进行例行训练。上尉斯科特指挥这次飞行，鲍威尔和哈德利是他的僚机。当一架飞机飞到6000米高空时，无线电联系的讯号灯亮了，距飞机200千米以外的一个雷达站发来讯号：空中一不明飞行物刚刚飞经波特兰基地上空，从东南飞往西北，命令在本区域飞行的所有战斗机进行截击。斯科特命令三架佩刀式战斗机编成战斗队形，上升到1万米高度进行搜索。不一会儿僚机鲍威尔嚷

☆ 飞机特写

道："在50度方向发现了它！"

此刻，在比三架飞机稍低的空中，出现了一个黑点，它迅速变大，眼看就要从飞机前方飞过。

"小伙子们，朝我靠拢！"斯科特喊道，他好像异常激动。三架佩刀式飞机加大速度，向那个飞行物与飞机航道的交叉点冲去。在离那个飞行物距离不到1000米时，地面导航人员听到了哈德利的声音："真令人难以置信！"接下来是斯科特的喊叫声："摄影机！"以后，便什么也听不到了。

两分钟后，三架被烧焦了的战斗机残骸散落在方圆5千米的范围内。地面雷达操纵人员曾看到那掠过三架战斗机的黑点，那个不明飞行物加快速度飞走了。

20世纪50年代类似这样的报告层出不穷。有的向UFO发射奈基式导弹，非但没有损害UFO一根毫毛，反而被它一口吞了。有的追击UFO，UFO射出一股光线，如同威力强大的"曳光弹"，便战斗机在高空奇异地爆炸了。

射向UFO的导弹

英国国防部拥有的有关目睹UFO的资料可以追溯到20世纪50年代，其中只有很少一部分资料交给媒体发表。国防部对所有资料都进行了调查，以防这些飞行器是冷战期间苏联为刺探英国情报而发射的。这些真实的绝密档案将向人们显示，一些国家的政府中的一部分人曾对UFO现象多么重视。

最近，英国国防部公布了一批机密文件。据解密文件显示，1957年的一天晚上，英国曼斯顿皇家空军基地的雷达控制员看到，诺维奇市上空出现了一个航空母舰大小的UFO，所有的英军官员都被这个庞然大物惊呆了。随后驻扎在英军基地的美军战斗机飞行员米尔顿·托里斯奉命驾机升空。米尔顿获准使用他驾驶的"军刀"战斗机上携带的全部24枚导弹。可就当米尔顿刚锁定神秘飞行物时，它静止了一下，突然以超过1.6万千米的惊人时速从战斗机的雷达屏幕上消失了！已经77岁高龄的米尔顿回忆起三十多年前的情景，依然历历在目。

☆ 导弹基地

·相关链接·

航空母舰：航空母舰是现代科学技术的产物，是以舰载作战飞机为主

UFO未解之谜

UFO wei jie zhi mi

要武器，并整合通讯、情报、作战信息、反潜反导装置及后勤保障为一体的大型海上战斗机移动基地平台。依靠航空母舰，一个国家可以在远离其国土的地方，不依赖当地的机场施加军事压力和进行作战行动。世界上第一艘航空母舰是1918年5月完工，同年9月正式编入英国皇家海军的"百眼巨人"号。该舰排水量为14459吨，可载机20架。它的诞生标志着世界海上力量发生了从制海到制空、制海相结合

的一次革命性变化。

米尔顿回忆道："当时一片漆黑，由于夜间飞行加上多云的缘故，光线很暗。于是我打开了闪光灯，一边继续飞行，一边观测着雷达……"雷达锁定的资料显示，该UFO的大小有如现在的B-52型战略轰炸机，与米尔顿驾驶的飞机只有约24千米的距离。

在向地面指挥中心报告完这一异

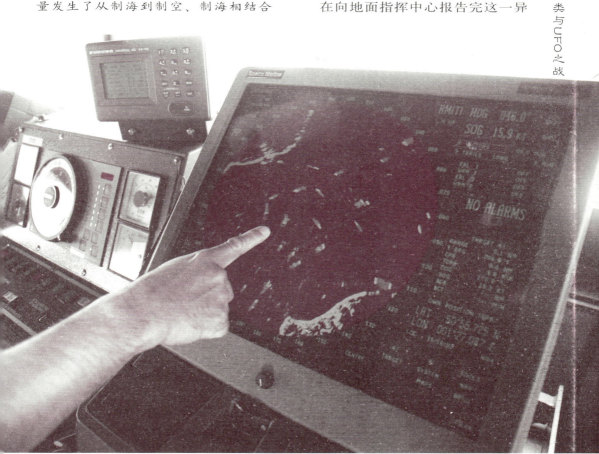

☆ 电子屏幕上显示的目标分布

常情况之后，米尔顿很快接到指令："锁定目标并靠近它，立即发射导弹，将其击落！"可是就在米尔顿手忙脚乱地调整方位准备靠近UFO然后发射24枚机载导弹时，后者却突然从雷达屏幕上消失，并且再也没有出现过。所有这一切都全发生在短短的数秒钟之内。

据米尔顿事后估计，当时他的飞行时速约为1000千米，而UFO的时速则高达1.6万千米。正因为如此，他调侃道："说句实话，我感觉自己像是一个独腿瘸子参加一场追逐赛……当时我加大了马力，尽我最大的可能。可是对方却拥有着完全不同的推进系统。它绝对不是飞机。也许它是在英格兰上方侦察的某种外星人。我想我们永远也无法弄清楚它到底是谁。"

米尔顿返回基地的次日，一位手持美国国家安全局工作证的官员召见了他。来者警告他不得向媒体和他人泄露任何相关情况，否则他将永远失去飞行员的资格。米尔顿一直恪守着这个承诺，直到五十多年后，才首次打破了沉默。

· 知识外延 ·

轰炸机：一座空中堡垒，除了投炸弹外，它还能投掷各种鱼雷、核弹或发射空对地导弹。轰炸机可以分为轻型轰炸机、中型轰炸机和重型轰炸机三种类型。轻型轰炸机一般能装载炸弹3至5吨，中型轰炸机能装载炸弹5至10吨，重型轰炸机能装载炸弹10至30吨。现在世界上比较先进的轰炸机有俄罗斯的22M中型轰炸机，美国的B－52重型轰炸机。

UFO未解之谜

UFO weijie zhi mi

☆ 导弹基地的导弹发射车

古巴向UFO开炮

技不如人，结果瞬间就机毁人亡。这再次警示人们：不要试图同UFO较量。这好比是用大刀、长矛去对付坦克、大炮，无异于以卵击石！

1967年3月间，据古巴防空雷达控制站报告，古巴西北部空域出现了一个"来历不明的飞行物，它的飞行高度约1万米，时速为1045千米。"

两架米格—21喷气式歼击机接到古巴防空司令部的命令，带着四枚K—13A式空对空导弹紧急起飞，截击该物。长机飞行员在无线电里报告了这个飞行物的情况：它是一个发光的球形金属飞行器。在八千米范围内没有发现它涂有任何国徽和其他标志。古巴防空司令部当即对长机飞行员下达了命令："击落目标！"

·相关链接·

空对空导弹：分为近距格斗导弹、中距拦射导弹和远距拦射导弹。近距格斗导弹多采用红外制导，射程一般为几百米至两万米，最大过载30至40克，主要用于近距格斗，具有较高的机动能力。中距拦射导弹多采用

☆ 一架古巴战机

MUSEO GIRON

半主动雷达制导，也有采取主动雷达未制导的（如AIM—120、R—77等），具有全天候、全方向作战能力。射程一般约为数十千米到上百千米。远距拦射导弹射程可达到上百千米甚至数百千米。

几秒钟过去了。按理这段时间长机足可以将导弹发射出去，击落目标，但事情却相反，僚机飞行员对地面指挥塔大喊大叫，说长机已经爆炸！进一步的报告表明，那架米格—21歼击机已完全解体，却未见到烟柱和火焰。而那个UFO却升到了三万米高空，逍遥自在地朝东南方向的南美大陆飞去了。

米格：米格战斗机家族拥有米格—21"鱼窝"、米格—23/27"鞭挞者"、米格—29"支点"、米格—31"猎狐犬"、米格—25"狐蝠"、米格—AT教练机、米格—1.44、米格—21"鱼窝"。米格—21战斗机是在20世纪50年代中期设计成功并定型的。1958年下半年，米格—21飞机开始在高尔基市的索克尔制造厂量产并进入系列化。1965年1月，第一架交付空军。米格—21战斗机及其改进型共生产了一万多架。现在至少有20个国家的空军还在使用它。在米格—21数十年服役生涯中，曾进行过多次大规模的重改进。

☆ 广场上停放的象征和平的坦克

飞碟报复苏联

在苏联克格勃长达250页的UFO绝密专案材料中披露了一起令人震惊的费解事件：1987年，苏联导弹部队在西伯利亚上空偶然击落一架低空飞行的UFO，但飞碟上幸免于难的"外星人"却对苏军施加报复，使在场的23名苏军士兵瞬间化为僵石。

1987年10月13日8时30分，苏军一支导弹部队在西伯利亚某地举行一场军事演习。突然，在演习场侧翼出现一架低空飞行的碟形UFO，它正在"偷看"演习实况。这时，一名不明真相的导弹部队士兵出于一种不由自主的机警，突然按下导弹向那个不速之客射去。飞碟被击中了，它在距演习指挥中心约20米处坠毁。坠毁时以巨大的冲力撞向地面，从而使飞碟外壳变形解体。

·相关链接·

西伯利亚：俄罗斯境内北亚地区的一片广阔地带。西起乌拉尔山脉，东迄太平洋，北临北冰洋，西南抵哈萨克斯坦中北部山地，南与中国、蒙古和朝鲜等国为邻，面积1276万平方千米，除西南端外，全在俄罗斯境

内。也有人将北冰洋同太平洋水系分水岭作为其东界。

然而，坠毁的飞碟中却跑出五个约一米高的侏儒类人生物。他们个个长着大脑壳，一双黑乎乎的大眼睛，还有一只链状的大长鼻子。由五个侏儒外星人迈着飞快的步伐离开飞碟坠毁现场，然后聚到一块，转眼变成一个大球体。更令人费解的是，由五个外星人"聚变"成的那个大球体忽然发出刺耳的呼叫声和长长的汽笛声，然后一下子又变成浅白色。顷刻间，那个大白球又变成原先的两倍大，然后爆炸了，爆炸瞬间出现耀眼夺目的闪光。当这一切结束后，那五个外星人顿时消失得无影无踪，而在场的23名苏军士兵在大爆炸发出的耀眼闪光的作用下变成一堆僵石。但令人迷惑不解的是，在场的另外两名苏军士兵

却丝毫没受到伤害。

事过不久，飞碟残骸和变成僵石的士兵尸体被运往莫斯科附近一个秘密研究所进行分析。

研究结果表明，在飞碟上没发现任何操纵手柄一类的驾驶装置和肉眼可视的动力源。不过，专家们认为，飞碟上所采用的我们目前尚不知晓的能源却能改变士兵机体的结构，从而使他们的躯体变成一种分子结构跟石灰石没有多大差别的物质。

在有人类以来的飞碟史上，还从未发生过外星人主动攻击地球人并使其死亡的恶性事件。外星人掌握着远比人类先进的防御性和攻击性武器装备和技术，一旦把外星人惹恼了，他们就会动用这些先进武器进行自卫还击。

因此，飞碟专家奉劝人们：切勿接近和触犯飞碟及其乘员，否则有可能会惹来杀身大祸。

·知识外延·

石灰石：主要成分是碳酸钙（$CaCO_3$）。石灰和石灰石被大量用作建筑材料，也是许多工业的重要原料。石灰石可直接加工成石料和烧制成生石灰。石灰有生石灰和熟石灰之分。生石灰的主要成分是CaO，一般呈块状，纯的为白色，含有杂质时为淡灰色或淡黄色。生石灰吸潮或加水就成为消石灰，消石灰也叫熟石灰，它的主要成分是$Ca(OH)_2$。熟石灰可调配成石灰浆、石灰膏、石灰砂浆等，用作涂装材料和砖瓦黏合剂。

☆ 苏联军人

英皇家空军锁定目标

英国《观察家报》披露，早在20世纪50年代，英国皇家空军曾受UFO事件的严重困扰，甚至出动战斗机追杀UFO。这起事件引起美军的高度关注并予以记录，有关绝密文件日前得以解密。

据最近解密的美军文件显示，这起飞碟事件发生在冷战初期的1956年8月13日，地点是英国东部的莱肯尼斯。当日，英国皇家空军和当地警方接到无数个居民打来的电话，称在莱肯尼斯的天空中到处飞满了发着亮光的UFO。莱肯尼斯的英国皇家空军接到电话后，立即派出十多架战斗机冲上天空。在雷达屏幕上，英国战斗机飞行员成功地捕捉到了这些UFO的痕迹，并花了至少七小时的时间试图追踪并击落这些不明飞行物。

· 相关链接 ·

英国皇家空军：1911年成立了皇家工兵航空营，该营有个气球连和飞机连。第一次世界大战中，英国空军海军联队和空军联队分离，但1918年，它们又合并为英国皇家空军。英国皇家空军在1918年4月1日成立。

1920年在林肯郡的克兰威尔建立了一所皇家空军军官学校。1922年，一所皇家空军参谋学校在罕布郡的安德福成立。第二次世界大战爆发后，皇家空军的前线力量约有2000架飞机。皇

☆ 夜空中出现的移动发光体，是流星还是UFO

家空军飞行员因在不列颠战役中对抗数量占优势的纳粹德国空军而建立了功勋。英国皇家空军在英国军事历史上具有重要地位，尤其在第二次世界大战中，以及近年的反恐战争。2005年，英国皇家空军拥有942架飞机及49210名人员，是世界上最大规模的空军之一。

当时在英国空军雷达屏幕上显示的UFO大约有"12到15个左右"。为了追上这些UFO，英军战斗机飞越了至少50英里的距离。其中一个UFO被记载为"飞行时速超过4000英里"。这是一个让人震惊的速度。解密文件写道："雷达屏幕专家相信，这绝不是什么雷达机械故障造成的幻象，而是天空中的确有某种极高速飞行的不明物体在移动。"

文件披露，英国空军飞行员在雷达屏幕上注意到，发出白光的UFO以令人难以相信的速度穿越英国的上空。有时候这些物体会组成奇怪的编队飞行，有时候这些物体会来一个突然的急转弯，以目前科学所知的动力学观点来看，这种高速飞行下的急转弯是人类的水平根本无法达到的。其中一个UFO被一架英军战斗机雷达跟踪了长达26英里，它在空中盘旋了足有五分钟，就在英军战斗机快赶上的时候，这个UFO突然消失了。

位于华盛顿的美国空军司令部后来也得知了这起英国飞碟事件，立即向英国空军发出了一份电报，表达了"高度兴趣和关心"。这份电报还询问这起英国飞碟事件是否跟一周后发生在波罗的海博恩荷姆丹岛上的另一起飞碟事件有某种关联。

对于英国莱肯尼斯的飞碟事件，一些研究者认为，在1956年8月13日左右，气象学家们曾汇报过那些天流星现象曾不同寻常地活跃。而流星在穿越天空时留下的踪迹，在雷达屏幕上看来和高速飞行的UFO相当近似。

此外，大气异常现象也被考虑为

☆ 遭遇袭击的人类飞机

另一个可能的原因。

莱肯尼斯飞碟事件引起了新一轮的冷战恐慌。因为在1956年，英国皇家空军莱肯尼斯军事基地——也就是英国空军战斗机追踪飞碟的地方，事实上正是冷战期间的军事前哨。莱肯尼斯军事基地不仅配置着当时最先进的美国U-2间谍侦察机，而且还是一个原子弹储存区。UFO研究专家戴夫·克拉克在美国国家档案馆查找资料时意外发现了一个新的文件目录，提到美军还藏着更多关于莱肯尼斯飞碟事件的秘密文件。目前克拉克已向美国军方提出申请，要求解密更多的秘密档案。尽管克拉克也曾请英国军方出示相关文件，但英国军方称，有关莱肯尼斯飞碟的文件在该事件发生五年后被一场意外大火全部烧毁了。

·知识外延·

流星：运行在星际空间的流星体（通常包括宇宙尘粒和固体块等空间物质）在接近地球时由于受到地球引力的摄动而被地球吸引，从而进入地球大气层，并与大气摩擦燃烧所产生的光迹。流星体原是围绕太阳运动的，在经过地球附近时，受地球引力的作用改变轨道，从而进入地球大气圈。流星有单个流星、火流星、流星雨几种。大部分可见的流星体都和沙粒差不多，重量在1克以下。流星进入大气层的速度介于11千米每秒到72千米每秒之间。

☆ 人类希望能够与UFO和平相处，相信这也会成为现实

中国空军追击UFO

这是1998年多起遭遇UFO的事件中比较典型和可信的一起。据当地有关部门统计，那天晚上目击这个UFO的群众约有160人。

下面是一名目击者的亲历口述报告：

1998年9月底，我陪同几位院士前往巴丹吉林沙漠考察。10月5日是中秋节，某试验基地晚上为杨士中院士过了生日，院士们都十分感动。席间，赵煦告诉我，当晚要在机场做试验。这是个很难遇到的良机，我提出晚上去机场采访。晚8点多钟，我赶到跑道上时，科研试验已经开始，一架战斗机正在跑道上滑跑。一轮皓月、望不到边的藕荷色着陆灯、灯光闪烁处活跃的人影……勾画出一幅动人的画面。

在人影幢幢的跑道上，赵煦给我讲了他和许多基地科研人员在跑道上共同目击的一次UFO事件。赵煦本人毕业于北京航空学院，是我国著名的无人驾驶飞机专家、空军专业技术少将，其他目击者也有类似的学历和技术专长，他们这次亲眼目击应当是确凿、可信的。

两个月前的8月6日晚，赵煦正领导科研试验。当时飞机准备在跑道上由南向北起飞，就在这时，突然从跑道北头从天而降一上一下两个巨大火团。当时在场的人都感到这两团火就要烧过来了，纷纷下意识地躲避。赵煦头脑冷静，马上招呼塔台上的人赶快下来拍摄。当摄像的人跌跌撞撞下来后，这两团火球又腾空而起。这两个大火球有几道从里面向外辐射的光束，没有任何声息，来无影去无踪。

1999年春节刚过，中国科学院古脊椎动物与古人类研究所向几家媒体介绍关于硬骨鱼起源的一项新发现，会后恐龙专家赵喜进向我提起，几年前在新疆戈壁滩上进行恐龙化石考察时，他和恐龙专家董枝明等曾亲眼目击了一起UFO事件。当时他正从帐篷中走出来，一抬头望见远处一断崖上方一个耀眼的巨大物体正在移动，光焰照亮了半边天空。他愣住了，好一会儿头脑里才反映出"不明飞行物"

☆ 先进的雷达也无法侦测到UFO的踪迹

这个概念。他回身从帐篷里拿出枪，又大声呼喊其他人出来观看。这时董枝明撩开帐篷目睹了这一罕见场面。我问赵喜进：你射击了吗？他回答：没有。他排除了任何已知飞行物的可能，因为它们"都没这么大的能量"。

·相关链接·

硬骨鱼：脊椎动物亚门硬骨鱼纲

所有种类之通称，包括现存鱼类的绝大部分，几乎包括世界所有供垂钓的鱼种与经济鱼种。科学术语Pisces亦指此。硬骨鱼纲指除了盲鳗、七鳃鳗等无腭纲及鲨、鳐等软骨鱼纲外，四百多科两万种左右的现代鱼的种类和少数原始鱼。主要特征是具有至少一部分由真正的骨(与软骨对照而言)组成的骨骼，其他特征包括：大多数种类具泳鳔(有浮力的气囊)，鳃室覆以鳃盖，有骨质板状鳞片，头骨有接缝及行体外受精。

许多目击报告都支持这种看法：戈壁沙漠是UFO事件的多发区，一是由于地旷人稀，二是因为能见度好。那么，还有没有其他原因呢？

从巴丹吉林沙漠返回北京后，我注意搜集了一下世界各地关于发现UFO的材料，这些材料都是1998年8月前后的。10月19日11点左右，河北沧州空军某机场上空发现UFO。当时雷达报告：空中有一个实体在移动，就在机场上空，正迅速向东北方向飞去。与此同时，机场上的地勤人员发现头顶上空有一个亮点，开始像星星，一红一白，两颗星在不停地旋转。后来可能由于飞行物降低了高度，轮廓变大了，看上去像一只短柄的蘑菇，下部似乎有很多灯，其中一盏较大，一直向地面照射。

☆ UFO来去自如，就像无法捕捉的魅影

·知识外延·

巴丹吉林沙漠：位于内蒙古自治区的西部，是中国四大沙漠之一，总面积4.7万平方千米。其中的巴彦诺尔、吉诃德沙山是世界上最高的沙丘。年降水量不足40毫米，但是沙漠中的湖泊竟然多达一百多个。高耸入云的沙山，神秘莫测的鸣沙，静谧的湖泊、湿地，构成了巴丹吉林沙漠独特的迷人景观，每年吸引了上万名国内外游客前来观光。

航管部门迅速证实，没有民航飞机通过这个机场上空，另一支空军部队的夜航训练也已于半小时前结束。"很可能是外来飞行器"，部队立即

进入一等战备。

晚上11点30分，雷达报告飞行物已到河北青县上空并悬停在那里，高度1500米。随着一发绿色信号弹升空，一架歼教6型飞机开足马力，拖着锥形的火舌轰鸣着飞入夜空。飞行员是飞行副团长刘明和飞行大队长胡绍恒。他们驾驶飞机到达目标所在位置，根据地面指示的方位、高度，很快发现了一个飞行物：圆形轮廓，顶部呈弧形，底部平，下部有一排排的灯，光柱向下，边缘有一盏红灯，整个形状像个巨大的草帽！

夜航指挥李副司令员命令飞行员靠近那个飞行物。在距离飞行物大约4000米时，它突然上升。飞行员立即驾机爬高，当飞机升至3000米时，这个飞行物却来到飞机的正上方。这说

UFO
未解之谜
UFO wei jie zhi mi

明飞机头顶上的飞行物比飞机上升得更快。飞行员决定麻痹一下这个飞行物，便改变飞行方向下降高度，与飞行物拉开了距离。有趣的是，那个飞行物仿佛很有灵性，竟尾随而来。两名飞行员抓住战机突然加力，以占据高度优势，飞机跃升倒飞。当飞机改为平飞时他们发现，飞行物已经比他们高出2000米了。飞行员驾驶飞机继续追击飞行物，副团长刘明把飞行物套进瞄准具光环，打开了扳机保险，

同时请示是否将其击落。李副司令员要求他们不要着急，先看清楚是什么。

尽管飞机已经加大了油门，可还是无法靠近飞行物，飞机上升到1.2万米时，飞行物已在2万米的高空。这时飞机油量发出警告信号，再追下去燃料将告罄。地面指挥审时度势，命令飞机返航，地面雷达继续跟踪监视。当两架新型战斗机准备升空捕捉这个飞行物时，它已经从雷达屏幕上消失了。

☆ 总是带给人们诸多不解，这些悬疑究竟需要多久才能够找到答案呢

海湾战争与UFO

据俄罗斯《真理报》科学探秘版2003年2月报道，在当年的海湾战争中，有关伊拉克境内曾出现外星飞碟的报道不时见诸报端。俄罗斯UFO研究专家约瑟夫·特内诺认为，飞碟现象频现海湾表明外星飞碟很可能早就介入过海湾战争。

瑟夫·特内诺在《飞碟研究》杂志中称，自海湾战争以来，屡有目击者称有外星飞碟被美军战斗机击落在海湾地区。他称，在2002年12月6日晚上，一名男子打通俄罗斯电台节目《艺术之钟》的现场电话，称他是一名军方人士，几年前曾目击一架UFO被击落在伊拉克境内。这名男子认为，美国目前正在寻找一切借口入侵伊拉克，其深层原因是害怕伊拉克科学家获知坠毁飞碟发动机的秘密。这名男子称，双方科学家都致力于研究飞碟残骸，以便尽快找出人类有史以来最神秘的飞行动力，而美国担心伊拉克的科学家可能会先行一步。

·相关链接·

海湾战争：1991年1月17日至2月28日，以美国为首的多国联盟在联合国安理会授权下，为恢复科威特领土完整而对伊拉克进行的局部战争。

UFO未解之谜

UFO wei jie zhi mi

☆ 海湾战争真的有UFO介入吗

1990年8月2日，伊拉克军队入侵科威特，推翻科威特政府并宣布吞并科威特。以美国为首的多国部队在取得联合国授权后，于1991年1月16日开始对科威特和伊拉克境内的伊拉克军队发动军事进攻，主要战斗包括历时42天的空袭，在伊拉克、科威特和沙特阿拉伯边境地带展开的历时100小时的陆战。多国部队以较小的代价取得决定性胜利，重创伊拉克军队。伊拉克最终接受联合国660号决议，并从科威特撤军。

特内诺还引用了一名自称目击飞碟坠毁事件的俄罗斯军官的证言。这

名叫皮特科夫的上校称，在第一次海湾战争期间空袭巴格达的沙漠风暴行动中，有一架UFO被美国空军的F—16战斗机击落，并掉在沙特阿拉伯境内，获知此事的五个西方国家试图全力封锁住这个消息。当时皮特科夫上校与一个俄罗斯小组正前往沙特首都利雅得，并且正好路过飞碟坠毁地点。在美国、英国、法国等盟军调查人员赶来之前，皮特科夫上校和另外几名俄罗斯同事已事先检查了飞碟坠毁现场。皮特科夫描述道："坠毁的飞行物呈圆形，直径达4.57米，用一种我从未见过的材料制成。该飞行物有三分之一已被美军导弹撕裂了，一些惊恐的沙特人不允许我们碰任何东西，但是我们还是设法检查了一些机械设备、器具和其他一些令我们极端困惑的东西。让我最迷惑的是，在一块控制面板和刻度表上面刻着的，是一种我们从未见过的古怪文字。"

在沙特阿拉伯军事雷达站，皮特科夫获悉，当时有四架F—16美军战斗机正飞往巴格达准备空袭行动，一个飞碟突然幽灵般的在战斗机附近出现。其中一架F—16偏离航线，朝这个飞碟飞去。飞碟迅速向西南方向逃逸，然而那架F—16紧追不舍，在距飞碟仅3英里时，飞碟突然朝F—16开火，然而没有击中。美军战斗机紧接着朝前面的飞碟发出一颗导弹。一声

巨大的响声后，飞碟坠毁在沙特境内的沙漠中。皮特科夫称，当美军调查人员赶到飞碟坠毁现场时，他和他的小组已经拍摄了几张现场照片。

不过，大多数俄科学家都不赞同特内诺的飞碟光临海湾说。一些俄专家称，在没有第二名目击者作证的情况下，俄军上校皮特科夫的宣称也只是一个无法证实的谣传而已。

·知识外延·

F—16战斗机：美国通用动力公司为美空军研制的单发单座轻型战斗机，设计的初衷是用于空中格斗，后来经过不断的升级改造成为也可用于近距空中支援、地面攻击、侦察等多种用途的战机，还于1982年被美国雷鸟飞行表演队选为表演用机，至今仍在使用。作战使用的F—16是美国空军的主力机种之一。冷战后，美国空军对军机的需求量下降，通用动力公司于1992年12月宣布将F—16的生产线卖给洛克希德马丁公司。

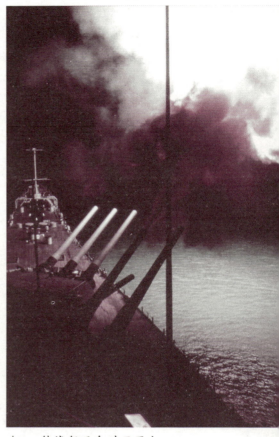

☆ 一艘战舰正向对面开火

别惹UFO

人类自以为掌握了先进的武器，却不知，同UFO相比，人类的进攻力量太软弱无能了。不要自不量力，不要以卵击石。

据报道，自1947年以来，数以万计的人曾目击过UFO。面对令人百思不解的UFO照片、目击报告、录像，很多人常这样献计献策：为什么我们不打下一个来？其实科学家、军事家们不但这样想过，也这样干过！UFO似乎对人类的军事设施特有兴趣，常常在军事基地附近神出鬼没。人类也从未放弃过每一次的进攻机会，但遗憾的是，都以惨败而告终。

1942年2月25日上午10时，美国洛杉矶东郊某炮兵连阵地上空，出现了列队的24个圆盘状不明飞行物。美国人以数十门高射炮开火，两千多发炮弹喷出一朵朵灿烂的火花。但UFO仍在空中有条不紊地编队，毫发未伤。

·相关链接·

洛杉矶：位于美国西岸加州南部的城市，是美国的第二大城，仅次于纽约，是拥有重大影响力的国际化大都市。是全世界的文化、科学、技术、国际贸易和高等教育中心之一，还拥有世界知名的各种专业与文化领域的机构。该市及紧邻的区域，在大众娱乐如电影、电视、音乐方面构成了洛杉矶国际声誉和全球地位的基础，闻名世界的好莱坞就位于该市。已成为美国石油化工、海洋、航天工业和电子业的最大基地，是美国科技的主要中心之一，拥有科学家和工程技术人员的数量位居全球第一，成为在美国仅次于纽约的金融中心。

1948年1月7日，美军上尉曼特尔率四架喷气式歼击机，从肯塔基州的诺克斯·路易斯维尔空军基地起飞，他们的任务是跟踪并击落一个UFO。过了不久，上尉向基地指挥塔报告说："……它一刻也不停地急速旋转，高度1.2万米。我试图靠近些开炮……但它突然加速，向东北方向逃去，速度极快，现在我必须……"

这个英勇善战的飞行上尉是想说"现在我必须开炮"，但报告到这里戛然而止，紧接着，上尉连同他那身经百战的战鹰轰然坠地，燃起一堆熊熊大火。他的友机只看到东北方有一个微弱的亮点在闪光。

1956年10月8日，日本冲绳岛附近突然出现一个UFO，恰好一架西方盟国的战斗机在附近实弹打靶，反应迅速的炮手立即向它开炮。令人不解的是，炮弹爆炸后UFO纹丝未损，"先下手为强"的战斗机却碎成残片，机毁人亡。

1966年8月的一天，一个UFO长时间滞留在美国西部某导弹基地附近，精明的美国人充分地拍摄了录像之后，启动了该基地几乎所有的导弹发射装置。奇怪的是，UFO安然无恙，而基地的所有导弹装置却同时瘫痪。其中一套最先进的装置突然被一束神奇的射线"熔为一堆废铁"！美国科学家闻讯赶来研究。他们的结论是，把先进的导弹发射装置还原为废铁的，可能是一种类似高脉冲的东西。

1957年9月24日，苏联在远东库页岛的一个高射炮营向三个UFO开火，三个"怪物"在炮火中不躲不避地悬停在空中，任凭苏联人那玩具般的炮火射击，却未损片羽。

另一次，在中亚地区的一个导弹基地上空出现了一个UFO，能自动跟踪目标的导弹瞄准了这个UFO，在发射的一刹那，导弹竟自行爆炸，让苏联军人尝了一杯自酿的苦酒。

在人类经历了无数次失败之后，那些对UFO进行研究的科学家们发出忠告：当你有幸或不幸遇上UFO时，你不要试图"先下手为强"，因为你是在用弹弓向一辆坦克显示你的勇敢，那将是无谓的，甚至会丢掉身家性命！

UFO未解之谜

UFO wei jie zhi mi

☆ 与UFO之间的关系，和平相处才是最终最正确的选择

UFO的宪兵——黑衣人

在"黑衣人"出现的各个历史时期，人们对他们的看法根据时代背景的不同而不同，先后曾把他们误认为是"国际银行家""共济会会员""耶稣会会员"以及最近的"中央情报局特工人员"等。

早在1973年，美国的《宇宙新闻》杂志就发表了一篇研究"黑衣人"的论文，在世界上引起了极大的反响。该文作者以大量的事实证明，"黑衣人"在地球上的存在可以追溯到很远的过去。但作者又指出：在几个世纪以前，"黑衣人"的活动没有像现在这样频繁，也没有像现在这么公开，这是因为"黑衣人"如果真的肩负着保护他们那个人种的使命，那么我们就完全可以认为，"黑衣人"受到现代飞碟学家们探索的威胁，远远超过以往任何时候，因为我们的祖先当时对他们始终持迷信的态度。

那么，这些"黑衣人"究竟是些什么样的人呢？有人说他们是外星人派到地球上的一支"第五纵队"。但到目前为止，人们所知道的只是一些支离破碎的情况：他们大都是彪形大汉，他们身穿黑色衣服，他们的面庞是"娃娃脸"或"东方人的脸"（这一点很重要）。大多数情况下，他们遇到可疑人时总要详细盘问，然后把人身上有关他们的记录、底片、照片、分析结果、飞碟残片等都统统拿走。但也有这样的情况：为了达到自己的目的，他们会对人施加心理压力，甚至还行凶杀人，当然这是极为罕见的。世界上一些UFO专家认为，种种迹象表明，"黑衣人"的存在是毋庸置疑的。他们同人们接触的事例已不胜枚举，因此我们没有任何理由把这种接触说成某种幻觉或有人想故弄玄虚。既然他们的存在是确凿无疑的，人们就必然会设法从理论上去解释他们。有人把"黑衣人"说成美国中央情报局的特工人员，这种假设曾一度广为流传，而且还有人为此发表文章。例如，加拿大杂志《魁北克UFO》的某期上就有威多·霍维尔的文章，题目是《"黑衣人"与中央情报局》。作者指出，"21年来，中央情报局一直深深地插手飞碟问题"，"为了让诚实的目击者说出他们观察到的飞碟情况，中央情报局用过'黑衣人'这种手段"。

威多·霍维尔写道："在世界各地流传的有关飞碟的书籍，我们看到了许多'黑衣人'的案例。这些'黑衣人'被目击者碰上，因此目击者拍下了照片和UFO影片，有的还拿到了证明'黑衣人'存在的物证。如果这些目击者不保持缄默，'黑衣人'就会威胁他们，甚至连他们的家属也会遭到迫害。'黑衣人'会把留下来的一切证据

☆ 神秘的黑衣人

统统带走，并且不会再出现在同一个地方。但十分可惜的是，当我们仔细地分析'黑衣人'的问题时，'中央情报局的假设'就站不住脚了。的确，'黑衣人'竭力阻挠扩散有关飞碟现象的案情，这很可能是诸如中央情报局或美国海军的特工人员干的，但是，人们不禁要问，直接受到飞碟研究工作威胁的飞碟主人为什么不这样干呢？到目前为止，尚没有飞碟主人阻挠扩散UFO现象的证据"。

英国潘塞出版社1978年出版的《宇宙问题》一书的作者约翰·A·基尔极其正确地指出：在"黑衣人"出现的各个历史时期，人们对他们的看法根据时代背景的不同而不同，先后曾把他们误认为是"国际银行家""共济会会员""耶稣会会员"以及最近的"中央情报局特工人员"等。仅这一点就足以表明，把"黑衣人"说成中央情报局人员是站不住脚的，因为这些"神秘的人"早在这一驰名世界的情报机构创立之前就已活跃在地球上了。例如，在1897年，美国堪萨斯州曾有人看见一个"黑衣人"拿走了地上的一块金属板。不久，一个飞碟在此飞过，并扔下了一个东西，原来就是那块先前被"黑衣人"拿走的金属板。美国新墨西哥州圣菲市以南的加利斯托-江克辛村也有过一起同类事件。1880年3月26日，

☆ 美国和UFO以及黑衣人有怎样的联系

有四个人看见一个"鱼状气球"在他们村子上空飞过。有一个东西从"气球"上掉了下来，他们赶紧跑过去一看，原来是一个瓦罐一样的东西，上面刻满潦草难认的象形文字。目击者把这东西送到村里的一家商店。那瓦罐在店里展出了两天，第三天，有一个自称是收藏家的人把它买走了。那人出了一笔极高的价钱。从此以后，就再也没人谈起这个瓦罐了。

这样的例子是举不胜举的，有些甚至发生在比以上两案更遥远年代，这就使得"中央情报局特工人员"的假设根本站不住脚了。再说，难道所有的特工人员都长着一副"东方人的脸"吗？前面已经说过，这一细节是十分重要的。请不要忘了，在美洲和地中海沿岸，当地土著人都有个习惯，那就是把孩子们的脑壳都绑成鸡蛋形状，这样的脸形不就是一位对人类形态学毫无知识的西方目击者所描绘的那种"东方人的脸"吗？现在，让我们再回到"中央情报局特工人员"的假设上来。据专家们说，"黑衣人"10次中有9次能在风声走漏之前就把目击者除掉。

1951年，在美国佛罗里达州最南端的基韦斯特发生了一件事。一天，好几个海军军官和水手正驾驶着一艘汽艇在佛罗里达海面疾驶。突然，一个雪茄状的物体出现在海浪上，发着一种脉动式的光，一个淡绿色的光柱从它的"壳体"上射出，似乎一直射入了海底。目击者用望远镜看得一清二楚。还有一个有趣的细节是，出现这个雪茄物体的海面上即刻就漂浮起一大片翻白肚子的死鱼。忽然，地平线上出现了一架飞机，而那个雪茄状的神奇物体也随即升入高空，几秒钟后它就无影无踪了。

☆ 城市灯塔上方的不明发光物

汽艇刚刚在基韦斯特港靠岸，艇上的军官和水兵就遇上了一群身穿黑色衣服的官员。这些官员把他们叫到一边，向他们提了许许多多问题，询问他们在大海上看到的情形。据一位目击者说，这些官员千方百计地想用提问的方式使他们的目击报告失去真实性。这些"黑衣人"要水手们对这件令人吃惊的事件保持缄默。

在《不明飞行物：虚幻还是现实？》一书中，作者艾伦·海尼克博士也写到了"黑衣人"的例子，但他没有用这个名称。在该书《第三类近距离接触》一章里，作者写道：

"这一事件有四个见证人，他们

之中有两个人在军事安全部门供职，一旦他们泄露了自己的身份和姓名，他们的就业就会受到严重的威胁。那是1961年11月一个寒冷的夜晚，天空中飘着雪花，四个人在美国北达科他州看见了一个明亮的飞行物停在一块空地上。起先，他们以为这个飞行物发生了故障，于是就把自己的车停在公路旁，然后爬过一道篱笆，径直朝'飞机'跑去。人们可以想象得到，当他们发现那个飞行物周围尽是些非地球人的类人智能时，他们是多么吃惊啊！有一个类人智能打着威胁性的手势让他们走开。四个目击者中有一个随手拔出手枪开了一枪，那个打手势的类人智能便应声倒下，像是中弹受了伤。此刻，那飞行体便立即起飞，钻入了云天，而四个目击者也都吓得拔腿就跑了。

"翌日，尽管四人声称谁也没有把此事声张出去，但突然有人到他们的工作单位来找他们，并把一人带到一些陌生人跟前。这些陌生人要他带他们到他家去。在那人家里，那些陌生人翻来覆去地检查了他昨天夜里的衣服，特别仔细地查看了他的鞋，然后一声不吭地走了。就人们所知，那四人后来谁也没人提起过此案。神秘的事情至今仍是个谜。"

在飞碟史上，有不少"黑衣人行动"的典型案例。最令人震惊，

UFO未解之谜 UFO weijie zhimi

同时也是最有名的案例要算是亚伯特·K·本德事件了。本德是"国际飞碟局"主任和《航天杂志》的经理。

国际飞碟局是一个民办机构，其任务是从各个方面研究飞碟现象，《航天杂志》则是这一组织的刊物。1953年7月，本德在这杂志上刊登了这样一篇文章："飞碟之谜不久将不再是个谜。它们的来源业已搞清，然而，有关这方面的任何消息都必须'奉上面的命令'加以封锁。我们本来可以在《航天杂志》上公布有关这方面消息的详细内容，可是我们得到了通知，要我们不要干出这种事来。因此我们奉劝那些开始研究飞碟的人，千万要谨慎啊！"

1953年底，三个身着黑衣服的人来拜访本德，他们要本德放弃他的研究。几天之后，国际飞碟局就解散了，《航天杂志》也停办了。

1954年10月，一家名叫《联系》的杂志骄傲地宣称："我们了解到了关于飞碟性质的一个'无可辩驳的事实'。"可是谁也没有看到下文。据说，有一个"高级人士"下令禁止公布这个"无可辩驳的事实"的详细内容。

著名的英国《飞碟杂志》的创办者瓦维尼·格范先生因患癌症于1964年10月22日去世。从表面看来，他的死似乎没有什么奇怪的地方。大家知道，格范平时十分谨慎地在家珍藏着

一大批有关飞碟的材料，可是，格范死后，在他家里连一份材料也没有被找到。

另两名蜚声世界的飞碟研究家H·T·威尔金斯和弗兰克·爱德华兹都在正要宣布重要发现时于异常情况下猝死。

人们还知道，常常会有这种情况："黑衣人"常用他们可怕的黑衣服来换美军服装。弗兰克·爱德华兹在他写的一本书里描写了美国一家大联合企业的干部所遇上的此类事情。这个干部于1965年12月目睹了一个飞碟，后来便有两名"军官"拜访了他，向他提了一大堆问题，然后对他说："你应该怎么做，这用不着我们说，不过我们向你提个建议：请不要向任何人谈论此事。"

当然，在这个案例中，人们完全可以认为那是些真的"军官"。可是，好多目睹了飞碟的人也都有过

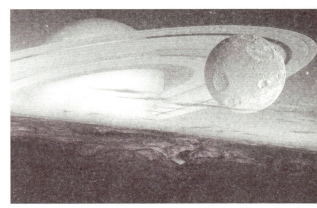

☆ 宇宙中的哪个星球才是UFO的基地

类似的遭遇。对于这些"军人",至少可以说他们的行为既是反常的,也是令人吃惊的。当目击者谈论起他们时,会说他们长的是"东方人的脸",他们比我们一般人的身材要高大得多,他们坐的是"黑衣人"常用的那种车子,车身漆黑,车牌极其罕见。有时,目击者也向军事当局提出抗议,但军方回答说,他们对此一无所知,根本不了解彪形大汉的来踪去影。约翰·A·基尔说,他已经调查了五十多个案例,这些"军人"或是直接找到目击者,或是通过电话同目击飞碟或拍到飞碟照片的人联系。约翰·A·基尔曾走访了五角大楼,想验证一下那些人是否真是军队派去的。可是,五角大楼明确地告诉他,他们

谁也没有听说过他调查的那五十多起案例里"黑衣人"的事情。

那么,他们到底是些什么人呢?他们的目的何在呢?他们拥有什么手段?他们来自何方?全世界的飞碟学家都在思考这些问题。1971年,加拿大的一家刊物《阿法杂志》第6期以《神秘现象研究会的思想路线》为题发表了一篇研究"黑衣人"的文章,这篇文章内容丰富,立论明确。文章在分析了飞碟研究者通常遇到的困难后指出:"……我们认为,在'黑衣人'、海底碟状物和水下失踪案这三者之间存在一种直接的关系。……我们暂时作个假设,假定这些'黑衣人'就是外星人。出于一些我们所不可理解的原因,这些人经常袭击飞碟

☆ 美国军方使用的车辆

☆ 能上天，可下水的黑衣人

学者。我们所看到的飞碟很有可能像人们所设想的那样已在地球上建立了基地，他们在那里降落，以便准备某项工作，或在基地留下一些人，负责监视我们的地球。海底对我们人来说是个——在将来很长一段时期里仍将是——不可涉足之地。他们把基地设在深海中，他们的飞行器在这里降落或起飞。地球人更多的是想登上月球和我们这个太阳系的其他星体，于是便忽视了对自己所居住的星球的研究。因此，地球人对海底的探索十分缓慢和谨慎。人们不时地在报上看到一些消息，今天说'尤里戴斯号'潜艇不见了，明天说'放雷舍号'潜艇失踪了，后天又说某某潜艇不知去

向。也许，这些潜艇离飞碟海底基地太近了吧，或者也许是艇上人员拍到了海底基地外层设施的照片。"

如同许多飞碟问题研究者一样，这篇论文的作者承认，外星人的假设是顺理成章的。文章的作者强调指出，他认为"黑衣人"不是对所有飞碟研究者或飞碟组织都统统反对的，他们袭击的对象，仅仅是那些偶尔"发现或查明了外星人在地球上落脚点的人"，至于那些找到证明外星人存在或出现的事实的人，"黑衣人"是不管的。这就说明了为什么像本德这样的人遭到了"黑衣人"的骚扰，而另一些同样杰出的研究者（他们得到的线索对"黑衣人"以及派遣"黑

衣人”的人不构成威胁）却从未接待过长着“东方人脸”的“军人”的拜访。

关于这一点，约翰·A·基尔有过重要的论述。在有关“黑衣人”的目的的问题上，他发现这些人十分明显地竭力反对和掩盖飞碟来自地球的假设，同时还鼓励人们对飞碟来自地外某个星球进行猜测。本德恰巧在摈弃飞碟来自某个星球的假设时，受到了三个陌生人的登门拜访。他不得以中断了自己的研究。另有一些放弃了这种假设的研究，也都遭到了一个又一个的电话威胁和其他形式的威胁，而那些持飞碟来自外星观点的学者却安然无恙，可以太太平平地进行自己的研究。

约翰·A·基尔指出：“如果一个目击者给你送来一块飞碟上掉下来的无法辨认的金属片，你不会遇到任何麻烦。可是，如果一个目击者给你拿来一块铝片、镁片或硅片——这是地球上到处都可以找到的——那么，你就很可能在家里接待一个身穿黑衣、肩负‘说服功夫’的神秘客人的来访。”

十分有趣的是，很多研究者或机构丢失、损坏或神秘失窃的大量重要物证恰恰都与飞碟的来源有关。因此我们可以怀疑，古城特洛伊遗址发现者的孙子保罗·施利曼的失踪，或许应该“归功于”“黑衣人”。要知道，施利曼是在正要宣布关于1万年以前消失的大西国的惊人发现时突然失

☆ 核潜艇

踪的，这难道是偶然？！

"黑衣人"的存在是无可否认的。至于他们是否就是飞碟的主人，是否来自诸如百慕大三角地区海底裂谷或来自其他星球，这些问题仍是西方许多飞碟专家们争论的话题。这里介绍的"黑衣人"来自海底飞碟基地的说法，仅是许多观点中的一种。

· 知识外延 ·

MIB的真正意义：

相信很多人都听过MIB，但可能没有几个人知道MIB的真正意义。大约在20世纪60年代的欧美地区，一种神秘的黑衣男子开始出现在与UFO事件相关的人物四周。他们头戴黑帽，身穿黑衣，脚穿黑鞋，驾驶黑色汽车，行动异常诡异，就像电影《黑超特警》里所描述的一样，人们称之为Men In Black，简称MIB。

这些人专门寻找与UFO有过接触，或目击过的人，他们透过电话或亲自造访，自称是联邦调查局、军方或政府机关人员，要求目击者或曾接触事件者保持沉默，不得与他人谈论，若有任何目击证物，必须交给他们处理。

对于他们的大量出现，美国空军就曾公开表明，这些人与军方毫无关系。因此有人相信MIB应该是中央情报局或是政府秘密组织的工作人员，为了封锁UFO的消息，而从事阴谋工作。事实上这些人有许多可疑的地方，让人怀疑他们的真正身份。

首先是他们所持的证件，与真实的证件相差甚远，他们若真是政府人员，应不致于拿如此拙劣的假证件才对。

第二，他们的衣服、物品甚至连香烟都像是新购买的，如此装扮分外引人注目，似乎不像一个特务人员应有的正常装扮。

更令人不解的是一件发生在1966年的真实案件。一位名叫雷夫·巴特拉的女士在目击UFO之后，翌年接受了一名自称理查·法兰的空军少校的访问。这名少校身高177公分，头发稍长（对于一般空军而言），衣服是全新的。法兰自称肠胃不好，巴特拉便请他吃放在餐桌上的果冻，没想到这位少校居然用双手捧起大碗的果冻，想要把果冻喝下去。当时巴特拉建议他用汤匙，巴特拉回忆说："他好像是第一次看到果冻这东西似的。"从这些奇怪的地方看来，MIB应不是政府人员，他们反而似乎有点像地球以外的人呢！

【青少年探索·发现之旅丛书】

◎ 出版策划　　膳书堂文化

◎ 责任编辑　　宗宏伟

◎ 文稿提供　　永佳世图

◎ 封面设计　　红十月设计室

◎ 图片提供　　全景视觉

　　　　　　　图为媒

　　　　　　　上海微图网络科技有限公司